산업전자응용실습

김 영 일

普 文 堂

머리말

"또 여호와를 기뻐하라. 저가 네 마음의 소원을 이루어 주시리로다. 너의 길을 여호와께 맡기라. 저를 의지하면 저가 이루시고 네 의를 빛 같이 나타내시며 네 공의를 정오의 빛 같이 하시리로다." (시편 37 : 4~6)

산업화가 날로 다변화되어 가고 있는 시대에 살면서 산업전자 분야도 다양한 기술이 접목됨으로써 점차 융, 복합화 되어 가고 있는 실정이다.

이러한 추세에 따라 전기, 전자, 자동화, 통신 및 네트워크 등의 산업전자 전 분야에 걸쳐 엔지니어 및 공학도가 이에 대응할 수 있는 기술적 자립을 달성할 수 있는 전문적 토대가 마련되어야하는 시급한 처지에 놓여 있다.

수년간 본 저자는 전자회로, 디지털회로, 산업전자회로 등을 강의하면서 느낀 바는 산업체 임원 및 현장 기술자들로부터 취업한 학생들의 실무 적응 능력이 떨어져 시간적, 경제적 손실뿐만 아니라 회사 업무에 막대한 지장을 초래하고 있으며, 나아가 향후 졸업생 취업 추천에도 큰 걸림돌로 작용하고 있다는 의견을 많이 들어오고 있다.

이와 같은 학생들의 현실적인 현장실무 문제를 개선하고 실무적응능력 및 지속적인 산학협동을 수행할 수 있는 잡-시트 개발에 주안점을 두고 교재개발에 착수하게 되었다.

본 교재의 구성은 학생뿐만 아니라 디지털회로, 전자회로, 센서활용회로, 전력전자회로를 학습한 산업전자 활용 분야에 관심이 많은 기술자들을 위한 학습서 및 지침서가 될 수 있도록 실무 적응할 수 있는 내용으로 구성하였다.

잡-시트의 전체적인 구성은 전반부에서 디지털회로의 기본 논리구성과 플립플롭 및 카운터 구성에 대한 디지털 논리 실험실습을 다루고, 이어서 다이오드, 트랜지스터, 연산증폭기 등을 활용한 전자회로 실험실습을 산업전자 측면에서 다루었다.

이어서 전반부에서 다룬 내용을 토대로, 광센서, 온도센서, 근접센서, 초음파센서 등을 이용하여 전기, 전자, 자동화, 메카트로닉스 등의 다양한 활용분야로 접근할 수 있고, 실무에 적응할 수 있는 센서관련 활용 실험실습을 다루었다.

아무쪼록 본 잡-시트를 통해 산업전자분야로 진출하는 학생 및 실무 엔지니어들에게 현장실무 적응할 수 있는 지침서로서의 길잡이가 될 수 있기를 진심으로 바라는 바이다.

2007년 12월

저자 씀

차 례

실험 1

기본논리회로 및 응용회로

1 실험 목적 :

• OR, AND, NOT 게이트의 기본적인 논리함수의 동작특성을 이해한다.

• NAND와 NOR 게이트의 구조와 동작특성을 이해한다.

• 논리소자들의 작동 및 측정방법을 숙지한다.

2 사용기기 및 재료 :

☐ 디지털 실험장치
☐ IC 7432(quad 2-input OR gates)
☐ IC 7408(quad 2-input AND gates)
☐ IC 7404(Hex inverters 또는 NOT gates)
☐ IC 7400(quad 2-input NAND gates)
☐ IC 7402(quad 2-input NOR gates)
☐ IC 7403(quad 2-input NAND gates with open collector output)
☐ 저항 5.6[kΩ]
☐ 가변저항 10[kΩ]

3 실험 순서 :

(1) OR 게이트

그림 1과 같이 OR 게이트 회로를 결선하고 입력 A, B를 표 1과 같이 각각 접속하여 출력 전압 X를 표 1에 작성하라. 단, +5[V]는 “1”로, 0[V]는 “0”으로 표기한다.

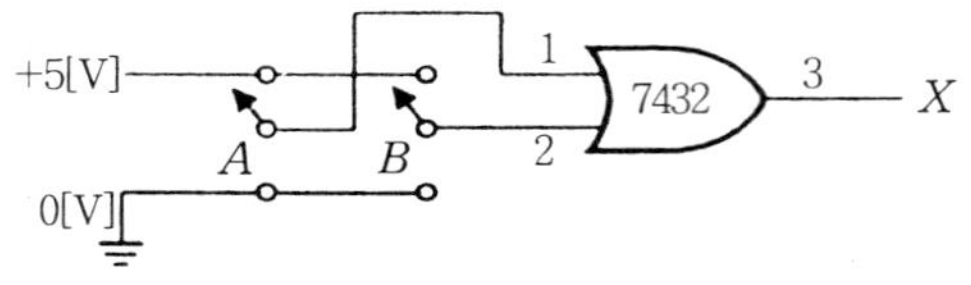

그림 1. OR 게이트

표 1. OR 게이트 진리표

A	B	X
0	0	
0	1	
1	0	
1	1	

(2) AND 게이트

그림 2와 같이 AND 게이트 회로를 결선하고 입력 A, B를 표 2와 같이 각각 접속하여 출력전압 X를 표 2에 작성하라.

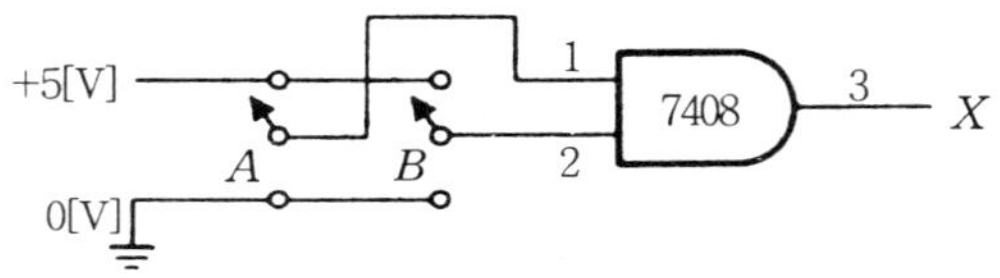

그림 2. AND 게이트

표 2. AND 게이트 진리표

A	B	X
0	0	
0	1	
1	0	
1	1	

(3) NOT 게이트(Inverter)

1. 그림 3과 같이 NOT 게이트 회로를 결선하고 입력 A를 접속하여 출력전압 X를 표 3에 작성하라.

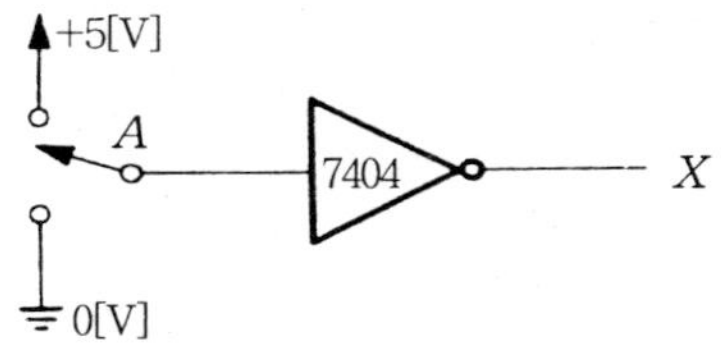

그림 3. NOT 게이트

표 3. NOT 게이트 진리표

A	X
0	
1	

2. 그림 4와 같이 NOT 게이트 회로를 결선하고 가변저항 10[kΩ]을 조정하여 표 4를 작성하라.

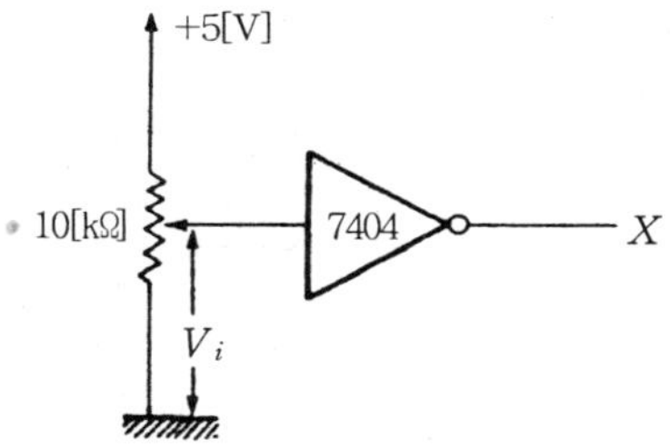

그림 4. NOT 게이트

표 4. 입력 전압에 따른 NOT 게이트 측정결과

[단위 : V]

입력전압[V]	0	0.6	0.8	1.0	1.2	1.4	1.6	2
출력전압[V]								

(4) NAND 게이트 및 그 응용

그림 5와 같이 NAND 게이트회로를 결선하고 입력 A, B를 접속하여 출력전압 X를 표 5에 작성하라.

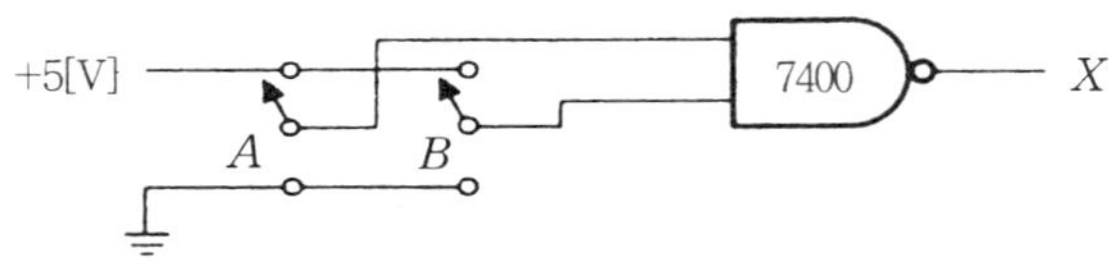

그림 5. NAND 게이트

표 5. NAND 게이트 진리표

A	B	X
0	0	
0	1	
1	0	
1	1	

1) NAND 게이트 응용

① Inverter : 그림 6과 같이 회로를 결선하고 입력 A에 따른 출력 X를 표 6에 작성하라.

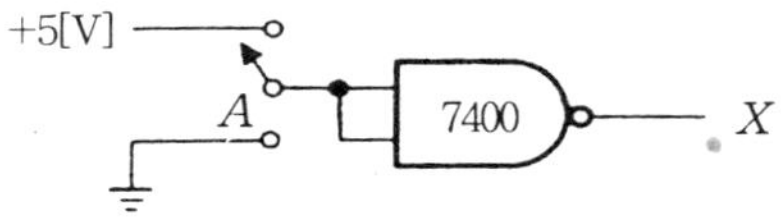

그림 6. NAND 게이트에 의한 Inverter 구현

표 6. Inverter 진리표

A	X
0	
1	

② AND 게이트 : 그림 7과 같이 회로를 결선하고 입력 A, B에 따른 출력 X를 표 7에 작성하라.

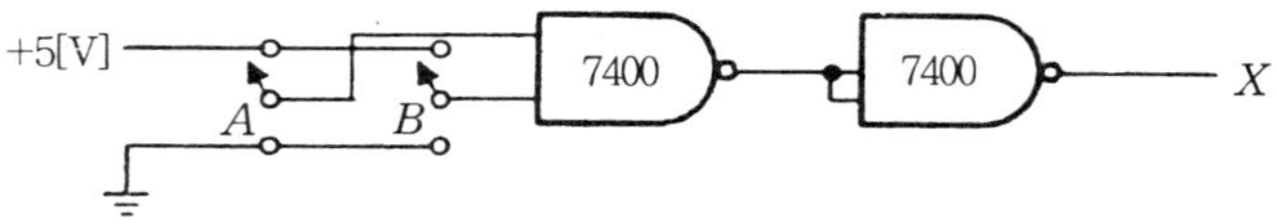

그림 7. NAND 게이트에 의한 AND 게이트 구현

표 7. AND 게이트 진리표

A	B	X
0	0	
0	1	
1	0	
1	1	

③ OR 게이트 : 그림 8과 같이 회로를 결선하고 입력 A, B에 따른 출력 X를 표 8에 작성하라.

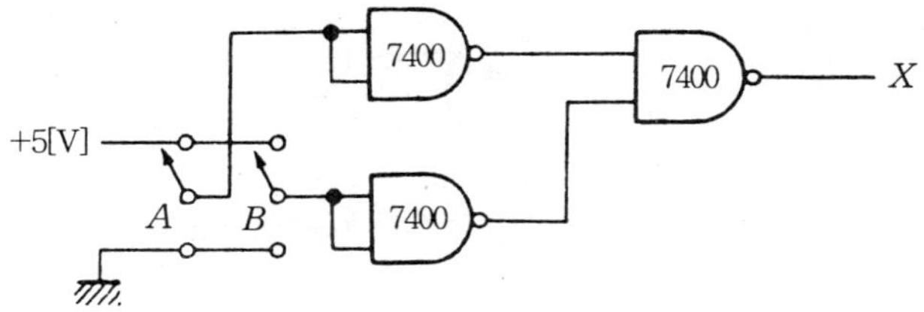

그림 8. NAND 게이트에 의한 OR 게이트 구현

표 8. OR 게이트 진리표

A	B	X
0	0	
0	1	
1	0	
1	1	

(5) NOR 게이트 및 그 응용

그림 9와 같이 회로를 결선하고 입력 A, B에 따른 출력 X를 표 9에 작성하라.

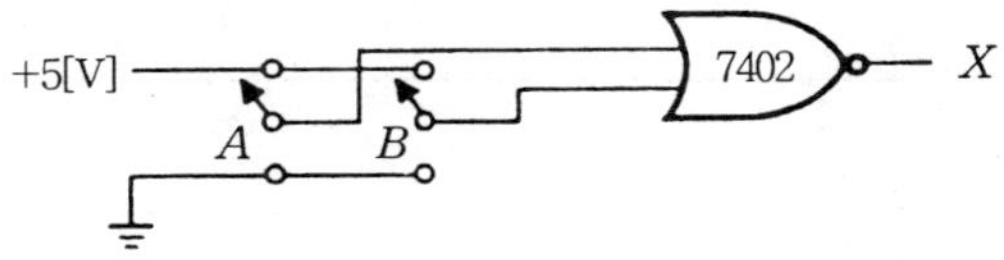

그림 9. NOR 게이트

표 9. NOR 게이트 진리표

A	B	X
0	0	
0	1	
1	0	
1	1	

1) NOR 게이트

① Inverter : 그림 10과 같이 회로를 결선하고 입력 A에 따른 출력 X를 표 10에 작성하라.

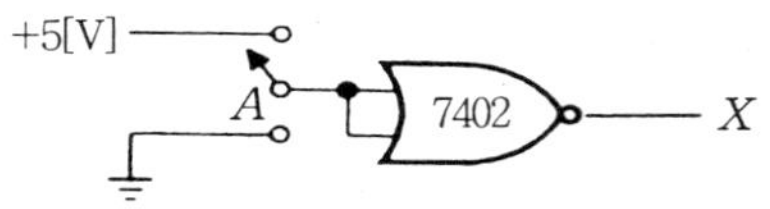

그림 10. NOR 게이트에 의한 Inverter 구현

표 10. Inverter 진리표

A	X
0	
1	

② OR 게이트 : 그림 11과 같이 회로를 결선하고 입력 A, B에 따른 출력 X를 표 11에 작성하라.

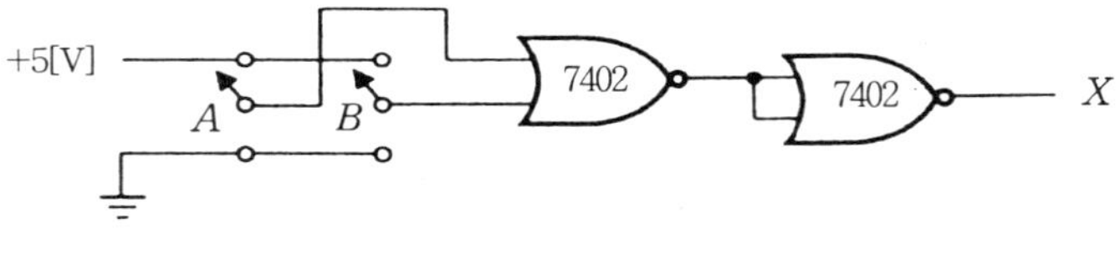

그림 11. NOR 게이트에 의한 OR 게이트 구현

표 11. OR 게이트 진리표

A	B	X
0	0	
0	1	
1	0	
1	1	

③ AND 게이트 : 그림 12와 같이 회로를 결선하고 입력 A, B에 따른 출력 X를 표 12에 작성하라.

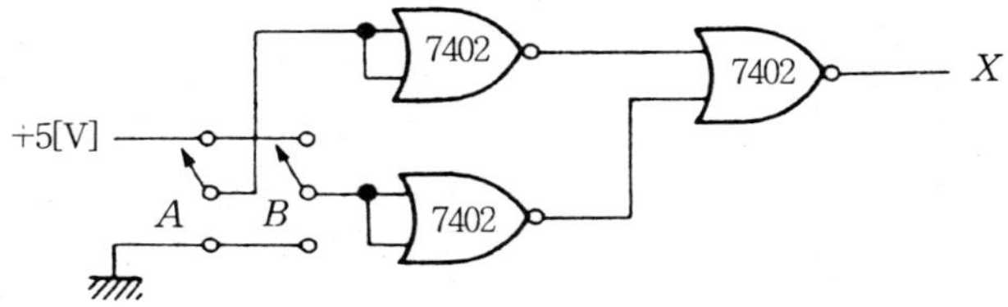

그림 12. NOR 게이트에 의한 AND 게이트 구현

표 12. AND 게이트 진리표

A	B	X
0	0	
0	1	
1	0	
1	1	

(6) 개방 컬렉터를 지닌 논리회로

그림 13과 같이 회로를 결선하고 입력 A, B, C에 따른 출력 X와 Y를 표 13에 작성하라.

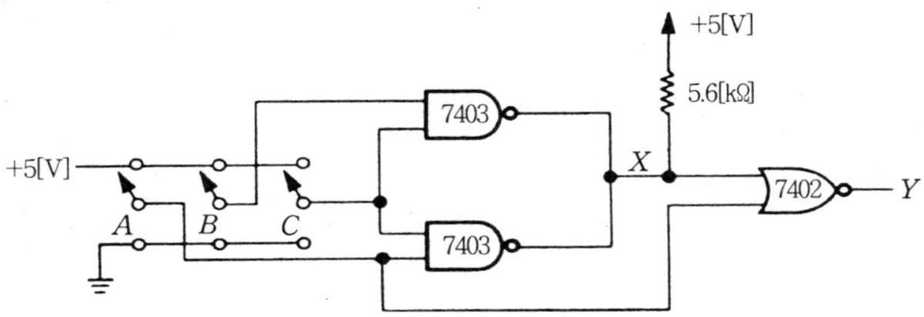

그림 13. 개방 컬렉터를 지닌 회로

표 13. 출력 X, Y 측정결과

A	B	C	X	Y
0	0	0		
0	0	1		
0	1	0		
0	1	1		
1	0	1		
1	1	0		
1	1	1		

실험 2

부울대수 및 드모르간 정리

1 실험 목적 :

• 부울대수의 기본 공리와 정리를 이해하고, 드모르간의 정리를 실험적으로 증명한다.

2 사용기기 및 재료 :

☐ 디지털 실험장치
☐ IC 7400(quad 2-input NAND gates)
☐ IC 7402(quad 2-input NOR gates)
☐ IC 7404(Hex inverters 또는 NOT gates)
☐ IC 7408(quad 2-input AND gates)
☐ IC 7432(quad 2-input OR gates)

3 실험 순서 :

(1) 부울대수 정리

1) 결합법칙

그림 1 및 그림 2의 (a), (b)와 같이 회로를 결선하고 출력전압 X, Y를 측정하여 표 1 및 표 2에 작성하라.

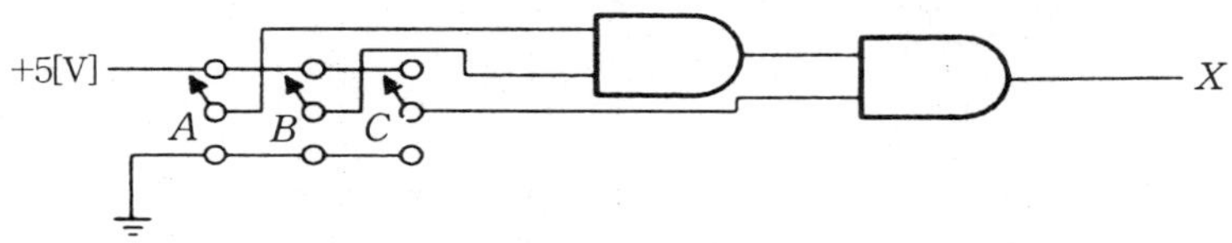

(a) $X=(A \cdot B)C$

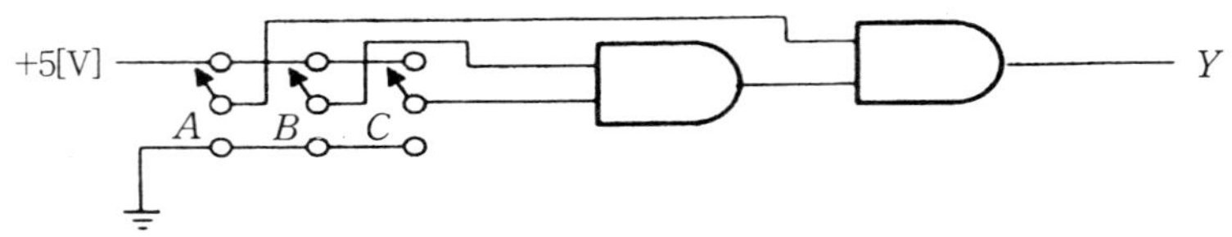

(b) $Y = A(B \cdot C)$

그림 1. 결합법칙 증명회로(AND 게이트 조합)

표 1. 출력 X, Y 측정결과

A	B	C	X	Y
0	0	0		
0	0	1		
0	1	0		
0	1	1		
1	0	0		
1	0	1		
1	1	0		
1	1	1		

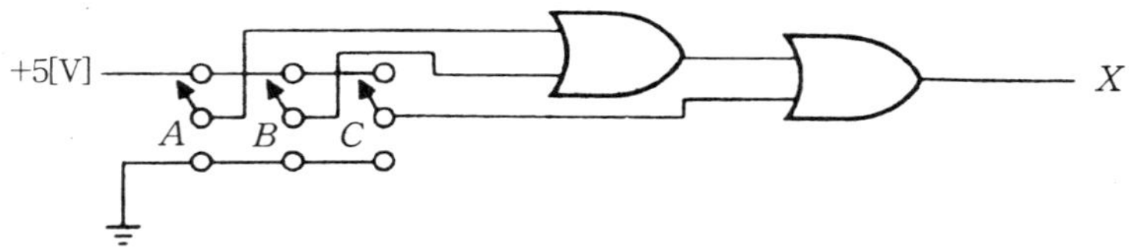

(a) $X = (A+B)+C$

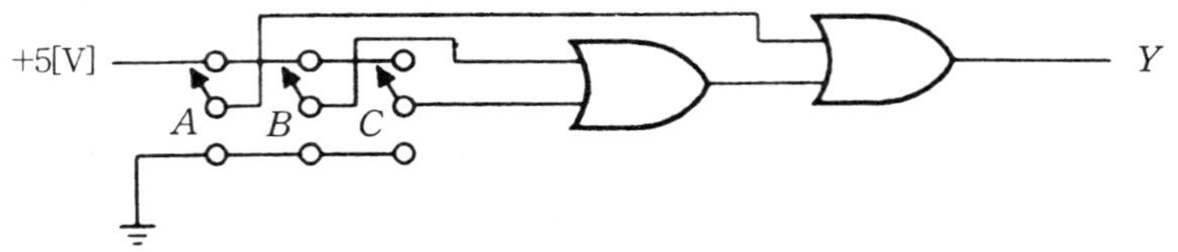

(b) $Y = A+(B+C)$

그림 2. 결합법칙 증명회로(OR 게이트 조합)

표 2. 출력 X, Y 측정결과

A	B	C	X	Y
0	0	0		
0	0	1		
0	1	0		
0	1	1		
1	0	0		
1	0	1		
1	1	0		
1	1	1		

2) 분배법칙

그림 3과 같이 회로를 결선하고 출력전압 X, Y를 측정하여 표 3에 작성하라.

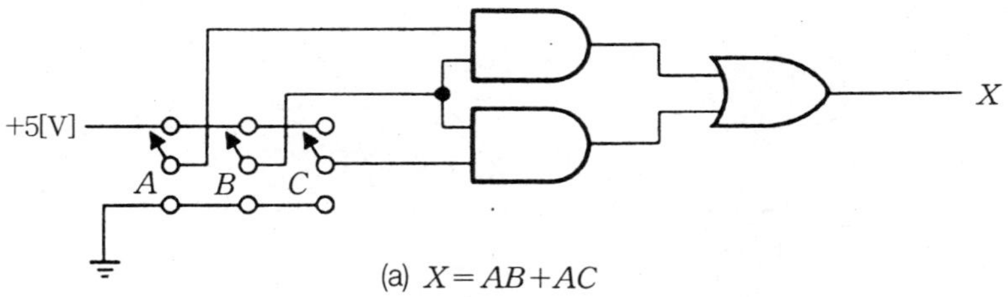

(a) $X = AB + AC$

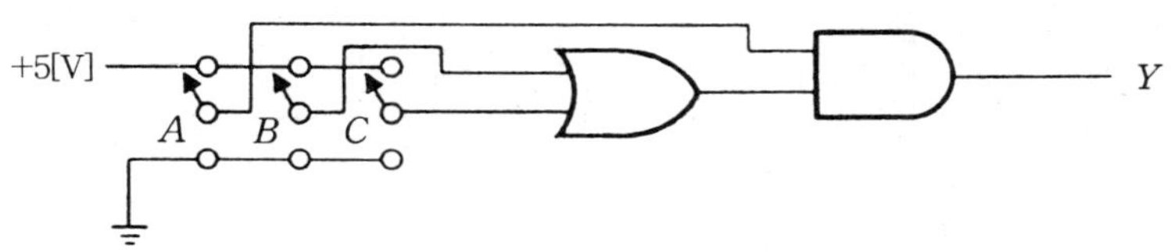

(b) $Y = A(B+C)$

그림 3. 분배법칙 증명회로

표 3. 출력 X, Y 측정결과

A	B	C	X	Y
0	0	0		
0	0	1		
0	1	0		
0	1	1		
1	0	0		
1	0	1		
1	1	0		
1	1	1		

3) 흡수법칙

그림 4와 같이 회로를 결선하고 출력전압 X, Y를 측정하여 표 4에 작성하라.

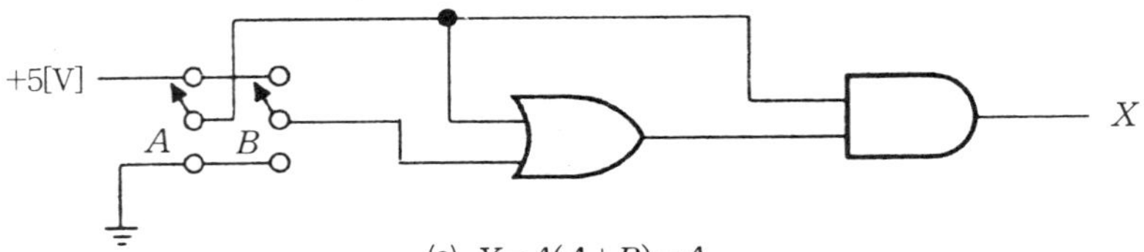

(a) $X=A(A+B)=A$

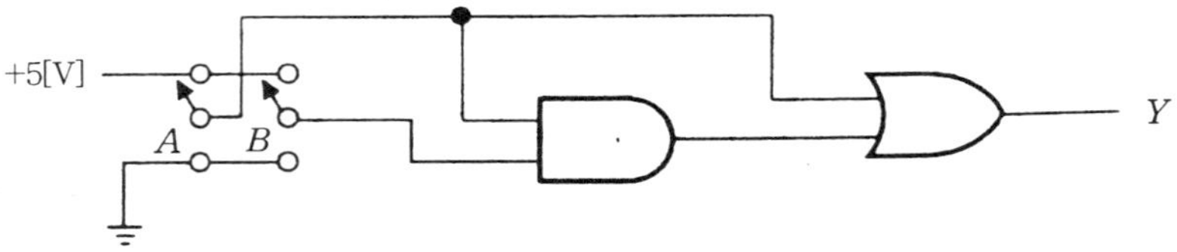

(b) $Y=A+AB=A$

그림 4. 흡수법칙 증명회로

표 4. 출력 X, Y 측정결과

A	B	X	Y
0	0		
0	1		
1	0		
1	1		

4) 기타 정리

① $A+\overline{A}B=A+B$: 그림 5와 같이 회로를 결선하고 출력전압 X를 측정하여 표 5를 작성하고, OR 게이트 진리표와 동일한지 확인하라.

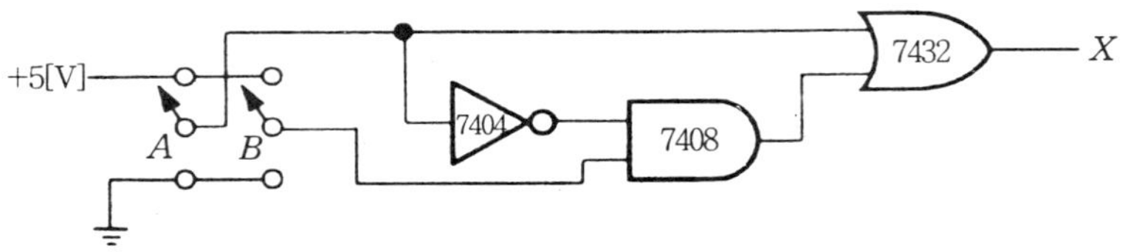

그림 5. $X=A+\overline{A}B$

표 5. 출력 X의 측정결과

A	B	X
0	0	
0	1	
1	0	
1	1	

② $A(\overline{A}+B)=AB$: 그림 6과 같이 회로를 결선하고 출력전압 Y를 측정하여 표 6을 작성하고, AND 게이트 진리표와 동일한지 확인하라.

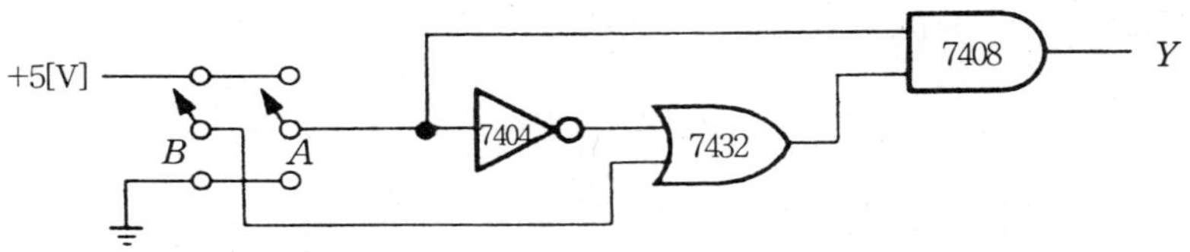

그림 6. $Y=A(A+B)$

표 6. 출력 Y의 측정결과

A	B	Y
0	0	
0	1	
1	0	
1	1	

(2) 드모르간 정리

1) $\overline{AB}=\overline{A}+\overline{B}$

그림 7과 같이 회로를 결선하고 출력전압 X를 측정하여 표 7을 작성하고, NAND 게이트 진리표와 동일한지 확인하라.

표 7. 출력 X의 측정결과

A	B	X
0	0	
0	1	
1	0	
1	1	

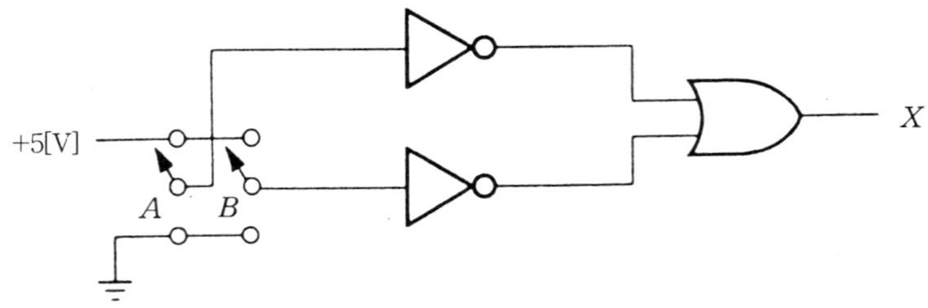

그림 7. $X=\overline{A}+\overline{B}$

2) $\overline{A}\,\overline{B}=\overline{A+B}$

그림 8과 같이 회로를 결선하고 출력전압 Y를 측정하여 표 8에 작성하고, NOR 게이트 진리표와 동일한지 확인하라.

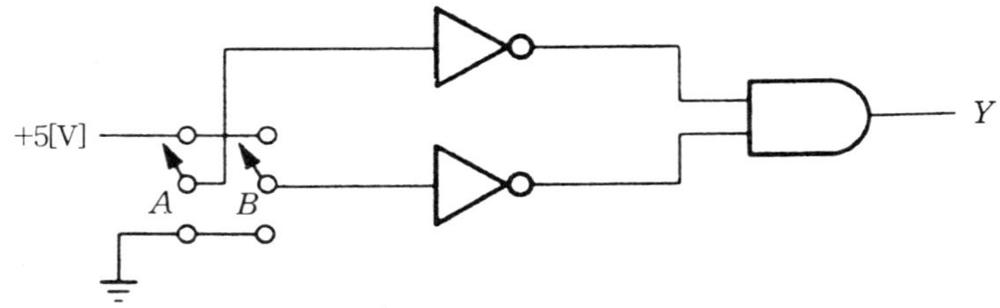

그림 8. $Y=\overline{A}\,\overline{B}$

표 8. 출력 Y의 측정결과

A	B	Y
0	0	
0	1	
1	0	
1	1	

실험 3

Exclusive OR 게이트와 그 응용

1 실험 목적 :

• XOR 게이트의 동작특성을 이해한다.

• XOR 게이트를 이용한 응용회로를 고찰한다.

2 사용기기 및 재료 :

☐ 디지털 실험장치
☐ IC 7400(quad 2-input NAND gates)
☐ IC 7402(quad 2-input NOR gates)
☐ IC 7404(Hex inverters)
☐ IC 7408(quad 2-input AND gates)
☐ IC 7432(quad 2-input OR gates)
☐ IC 7486(quad 2-input XOR gates)

3 실험 순서 :

1. 그림 1과 같이 XOR 게이트 회로를 결선하고, 입력 A, B를 접속하여 출력전압 X를 측정하고 표 1에 작성하라.

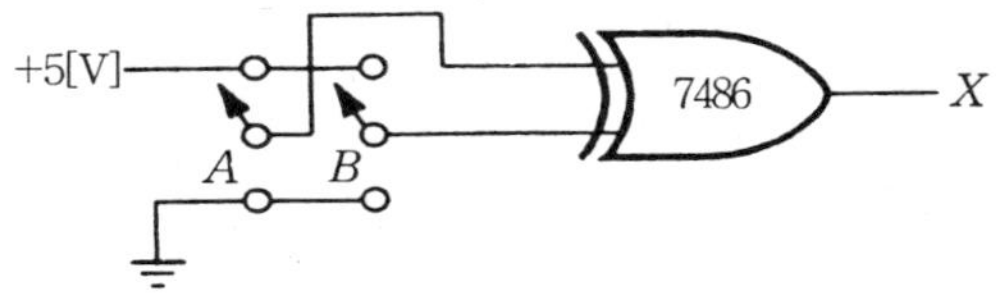

그림 1. XOR 게이트

표 1. XOR 게이트 진리

A	B	X
0	0	
0	1	
1	0	
1	1	

2. 그림 2와 같이 회로를 결선하고, 입력 A, B를 접속하여 출력전압 X를 측정하고 표 2에 작성하라.

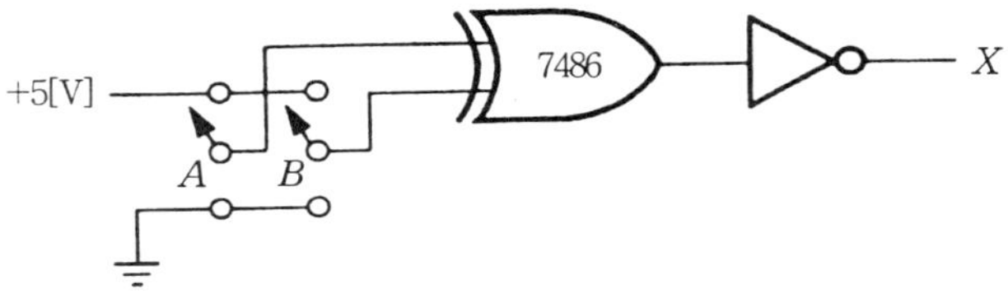

그림 2. XNOR 회로

표 2. XNOR 게이트 진리

A	B	X
0	0	
0	1	
1	0	
1	1	

(1) XOR 등가회로

그림 3의 (a), (b), (c)와 같이 각각 회로를 결선하고, 입력 A, B를 접속하여 출력전압 X, Y, Z를 측정하고 표 3에 작성하라.

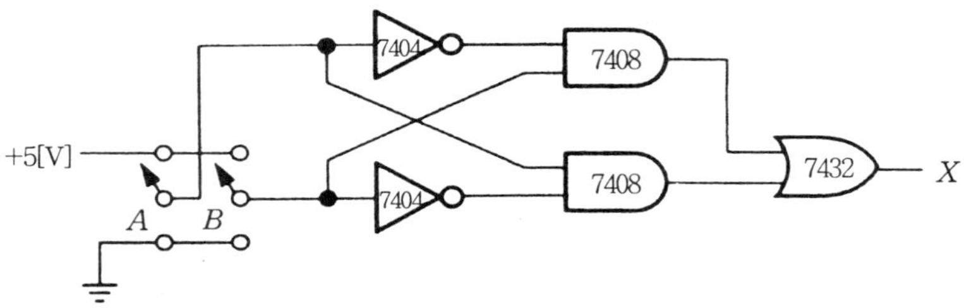

(a)

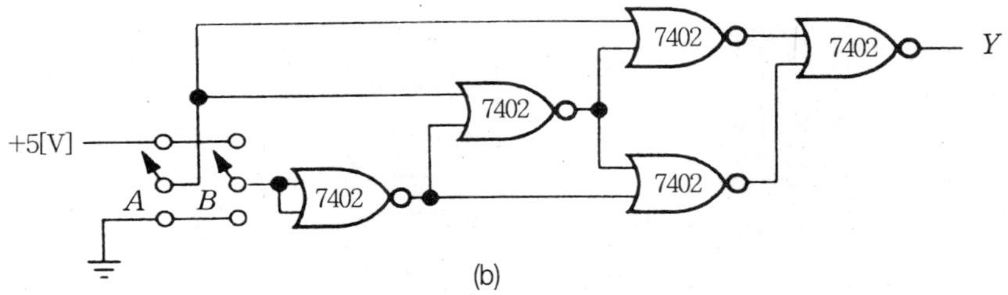

(b)

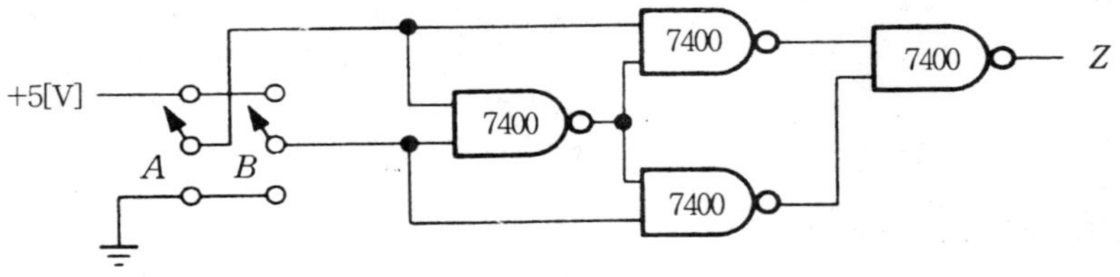

(c)

그림 3. XOR 등가회로

표 3. XOR 등가회로의 측정결과

A	B	X	Y	Z
0	0			
0	1			
1	0			
1	1			

(2) XOR 게이트를 이용한 응용회로

1) 2진 비교기

그림 4와 같이 회로를 결선하고, 입력 A, B에 따른 출력 X, Y, Z를 측정하여 표 4에 작성하라.

표 4. 2진 비교기 측정결과

A	B	X	Y	Z
0	0			
0	1			
1	0			
1	1			

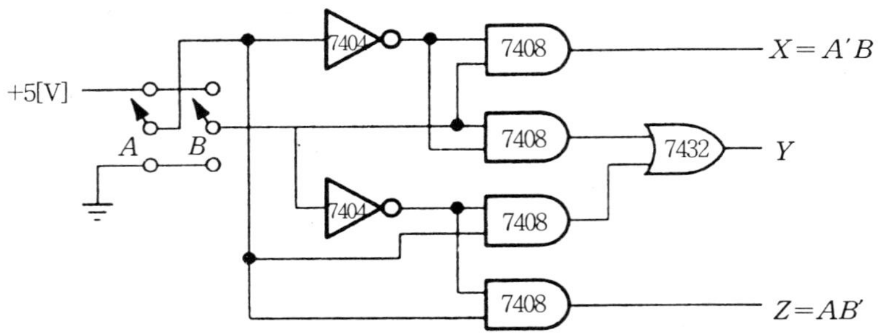

그림 4. 2진 비교기

2) 코드변환기(BCD 코드 → 그레이코드)

그림 5와 같이 회로를 결선하고, 입력 A, B, C, D에 따른 출력 g_1, g_2, g_3, g_4를 측정하여 표 5에 작성하라.

표 5. 코드변환기 측정결과

A	B	C	D	g_1	g_2	g_3	g_4
0	0	0	0				
0	0	0	1				
0	0	1	0				
0	0	1	1				
0	1	0	0				
0	1	0	1				
0	1	1	0				
0	1	1	1				
1	0	0	0				
1	0	0	1				
1	0	1	0				
1	0	1	1				
1	1	0	0				
1	1	0	1				
1	1	1	0				
1	1	1	1				

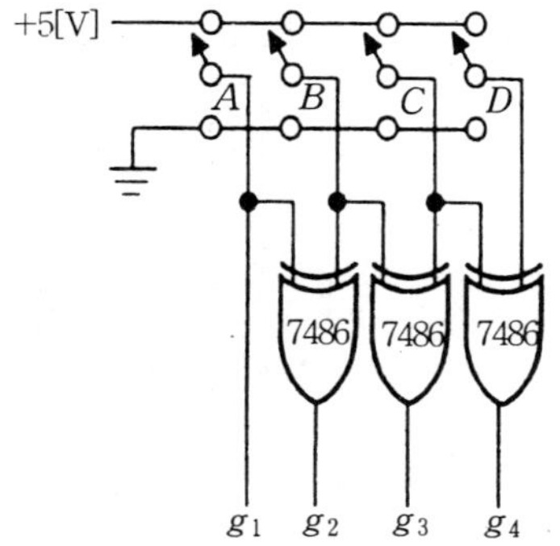

그림 5

3) 코드변환기(그레이코드 → BCD 코드)

그림 6과 같이 회로를 결선하고, 입력 g_1, g_2, g_3, g_4에 따른 출력 A, B, C, D를 측정하여 표 6에 작성하라.

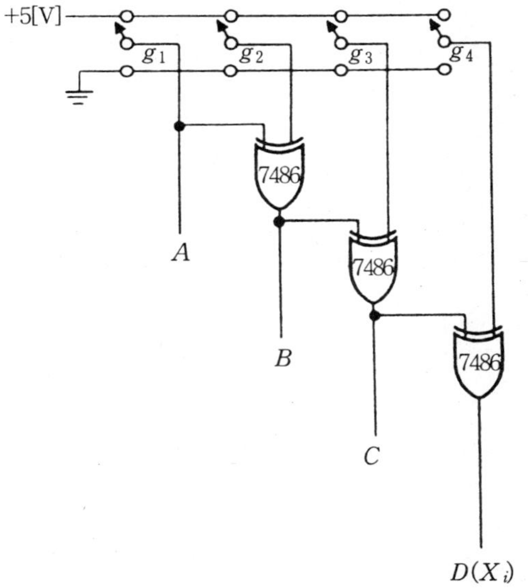

그림 6. 코드변환기

표 6. 코드변환기 측정결과

g_1	g_2	g_3	g_4	A	B	C	D
0	0	0	0				
0	0	0	1				
0	0	1	0				
0	0	1	1				
0	1	0	0				
0	1	0	1				
0	1	1	0				
0	1	1	1				
1	0	0	0				
1	0	0	1				
1	0	1	0				
1	0	1	1				
1	1	0	0				
1	1	0	1				
1	1	1	0				
1	1	1	1				

실 험

4 가산기와 감산기

1 실험 목적 :

- 반가산기의 원리를 이해하고 전가산기를 설계한다.
- 반감산기의 원리를 이해하고 전감산기를 설계한다.
- 2-bit병렬 2진 가산기를 설계하고 동작을 이해한다.
- 4-bit 2진 전가산기 및 전감산기를 설계하고 동작을 숙지한다.

2 사용기기 및 재료 :

☐ 디지털 실험장치
☐ IC 7400(quad 2-input NAND gates)
☐ IC 7404(Hex inverters)
☐ IC 7408(quad 2-input AND gates)
☐ IC 7432(quad 2-input OR gates)
☐ IC 7486(quad 2-input XOR gates)
☐ IC 7483(4-bit binary full adder)
☐ 저항 680[Ω] 5개
☐ LED 5개

3 실험 순서 :

(1) 반가산기

그림 1과 같이 반가산기회로를 결선하고 입력 A, B에 따른 출력 S와 C를 측정하여 표 1에 작성하라.

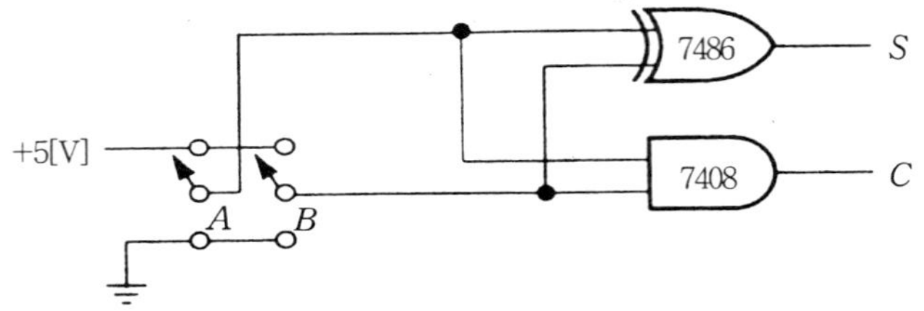

그림 1. 반가산기회로

표 1. 반가산기 진리표

A	B	S	C
0	0		
0	1		
1	0		
1	1		

(2) 전가산기

그림 2와 같이 전가산기회로를 결선하고 입력에 따른 출력 S_n과 C_n을 측정하여 표 2를 작성하라.

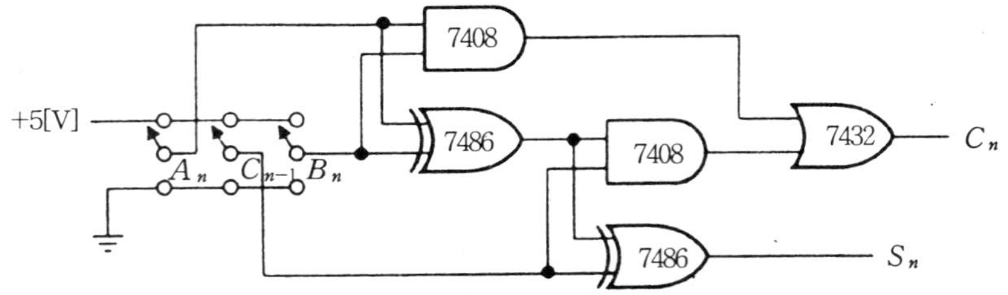

그림 2. 전가산기회로

표 2. 전가산기 진리표

A_n	B_n	C_{n-1}	S_n	C_n
0	0	0		
0	0	1		
0	1	0		
0	1	1		
1	0	0		
1	0	1		
1	1	0		
1	1	1		

(3) 반감산기

그림 3과 같이 반감산기회로를 결선하고 입력 A, B에 따른 출력 d와 b를 측정하여 표 3을 작성하라.

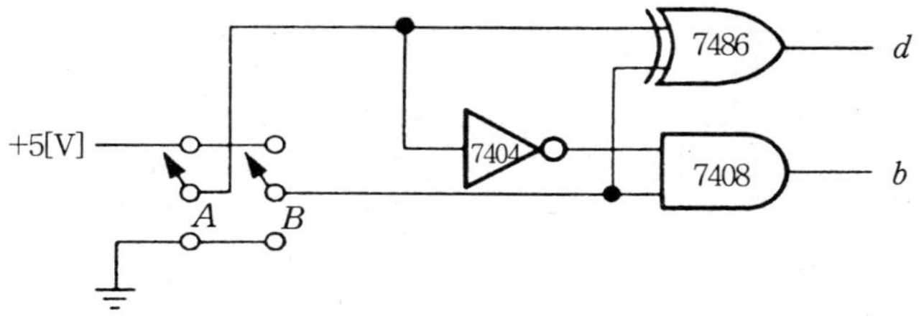

그림 3. 반감산기회로

표 3. 반감산기 진리표

A	B	d	b
0	0		
0	1		
1	0		
1	1		

(4) 전감산기

그림 4와 같이 전감산기회로를 결선하고 입력에 따른 출력 d_n과 b_n을 측정하여 표 4에 작성하라.

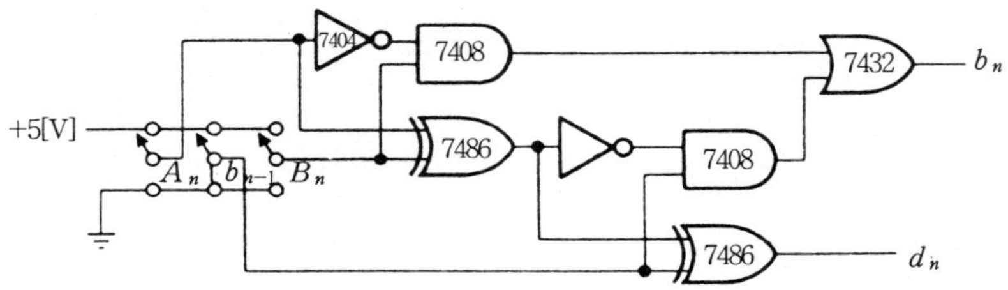

그림 4. 전감산기회로

표 4. 전감산기 진리표

A_n	B_n	C_{n-1}	d_n	b_n
0	0	0		
0	0	1		
0	1	0		
0	1	1		
1	0	0		
1	0	1		
1	1	0		
1	1	1		

(5) 2-bit 병렬 2진 가산기

그림 5와 같이 회로를 결선하고 입력 A_0, B_0와 A_1, B_1에 따른 출력 S_0, S_1 및 C_1을 측정하여 표 5에 작성하라.

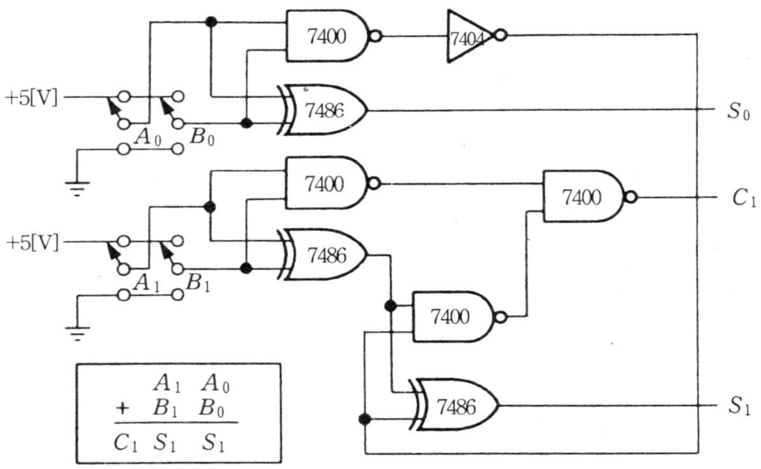

그림 5. 2-bit 병렬 2진 가산기회로

표 5. 측정결과

A_1	A_0	B_1	B_0	S_1	S_0	C_1
0	0	0	0			
0	0	0	1			
0	0	1	0			
0	0	1	1			
0	1	0	0			
0	1	0	1			
0	1	1	0			
0	1	1	1			
1	0	0	0			
1	0	0	1			
1	0	1	0			
1	0	1	1			
1	1	0	0			
1	1	0	1			
1	1	1	0			
1	1	1	1			

(6) 4-bit 2진 전가산기 및 전감산기

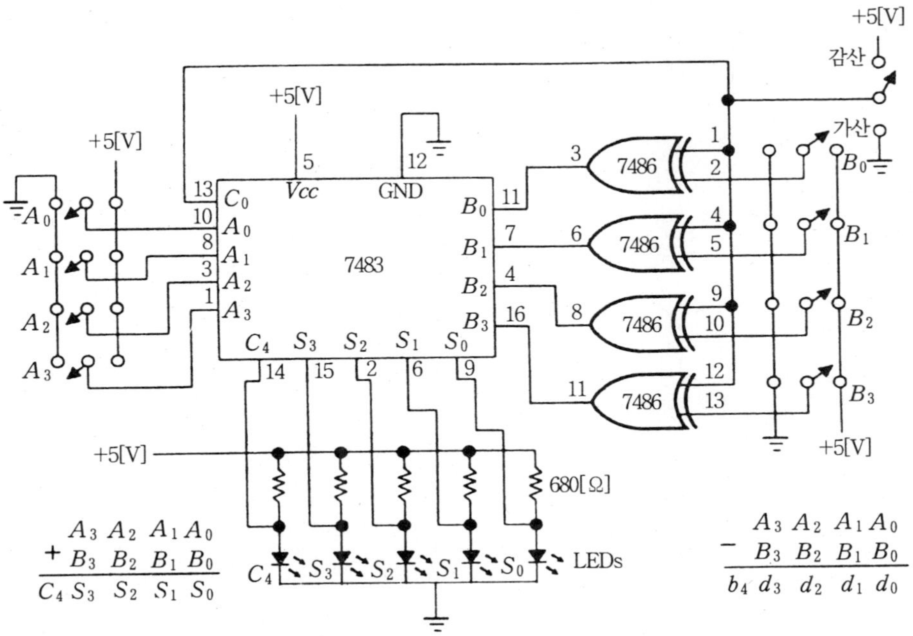

그림 6. 4-bit 2진 전가산기 및 전감산기회로

그림 6과 같이 2의 보수를 이용하여 4-bit의 가산 및 감산을 수행할 수 있는 회로를 결선하고, 입력 A_0, A_1, A_2, A_3와 B_0, B_1, B_2, B_3에 따른 전가산기 출력 S_3, S_2, S_1, S_0 및 C_4와 전감산기 출력 d_3, d_2, d_1, d_0 및 b_4를 측정하여 표 6과 7을 작성하라(단, 전감산기일 때 $S_3 = d_3$, $S_2 = d_2$, $S_1 = d_1$, $S_0 = d_0$, $C_4 = b_4$).

표 6. 전가산기 측정결과

A_0	A_1	A_2	A_3	B_0	B_1	B_2	B_3	C_4	S_3	S_2	S_1	S_0
1	1	1	1	0	0	1	0					
1	1	0	1	0	1	0	0					
1	0	1	0	0	1	1	1					
1	0	0	1	0	0	1	1					
0	1	1	0	1	1	0	0					

표 7 전감산기 측정결과

A_0	A_1	A_2	A_3	B_0	B_1	B_2	B_3	b_4	d_3	d_2	d_1	d_0
1	1	1	1	0	0	1	1					
1	1	0	1	0	1	1	0					
1	0	1	0	1	0	1	0					
0	1	0	0	1	0	1	1					
0	0	1	1	1	0	0	1					

실험 5

디코더와 인코더

1 실험 목적 :

- 디코더와 인코더 내부회로를 숙지하고 특성을 이해한다.
- IC 74138 디코더의 동작상태를 숙지한다.
- 7-segment 숫자 표시기의 사용방법을 숙지한다.

2 사용기기 및 재료 :

- ☐ 디지털 실험장치
- ☐ DC power supply
- ☐ 함수발생기(구형파 발진기)
- ☐ IC 7404(Hex inverters)
- ☐ IC 7408(quad 2-input AND gates)
- ☐ IC 7410(triple 3-input NAND gates)
- ☐ IC 7411(triple 3-input AND gates)
- ☐ IC 7420(dual 4-input NAND gates)
- ☐ IC 7425(dual 4-input NOR gates)
- ☐ IC 7432(dual 2-input OR gates)
- ☐ IC 7447(BCD-to-7 segment decoder/drive)
- ☐ IC 7490(decade counters)
- ☐ IC 74138(3-line-to-8-line decoder/demultiplexer)
- ☐ 수치표시기 LTS 542
- ☐ 저항 330[Ω] 8개
- ☐ 저항 680[kΩ] 7개
- ☐ LED 8개

3 실험 순서 :

(1) 2×4 디코더

그림 1과 같이 회로를 결선하고 입력 A, B에 따른 출력 D_0~D_3를 측정하여 표 1을 작성하라.

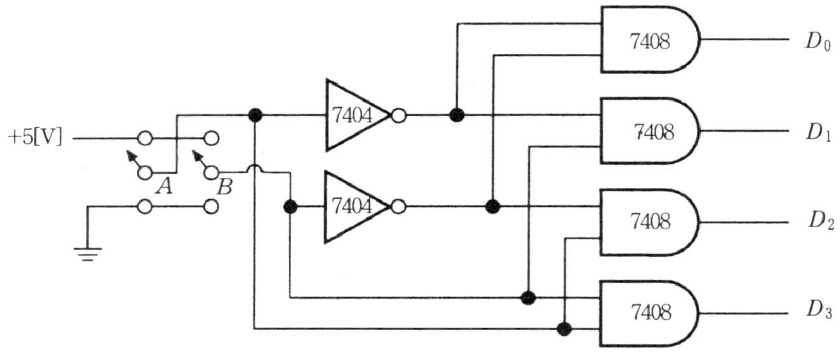

그림 1. 2×4 디코더 회로

표 1. 측정결과

A	B	D_0	D_1	D_2	D_3
0	0				
0	1				
1	0				
1	1				

(2) 3×8 디코더

1. 그림 2와 같이 회로를 결선하고 입력 A, B, C에 따른 출력 D_0~D_7을 측정하여 표 2를 작성하라.

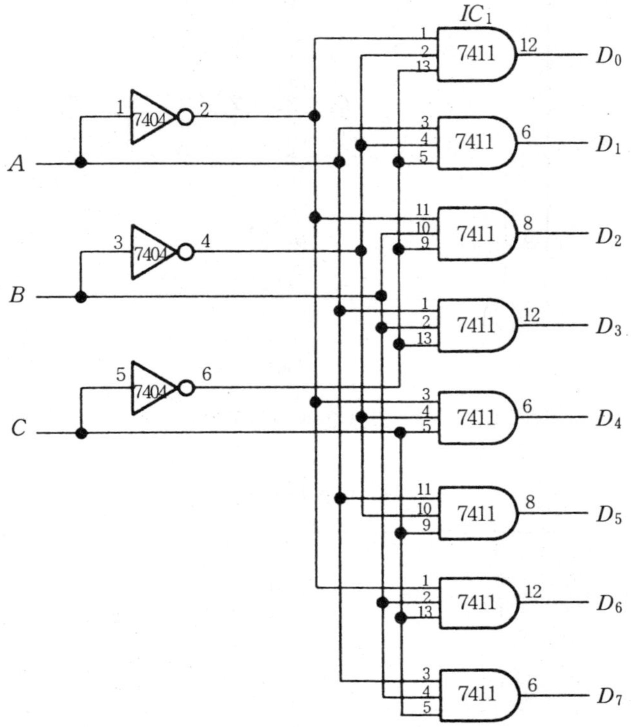

그림 2. 3×8 디코더 회로

표 2. 측정결과

C	B	A	D_0	D_1	D_2	D_3	D_4	D_5	D_6	D_7
0	0	0								
0	0	1								
0	1	0								
0	1	1								
1	0	0								
1	0	1								
1	1	0								
1	1	1								

2. 그림 3과 같이 회로를 결선하고 입력 A, B, C에 따른 출력을 측정하여 표 3에 작성하고, 표 2와 비교하라.

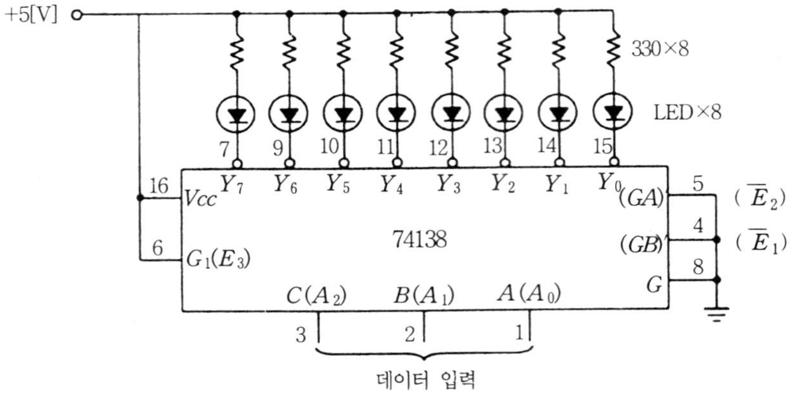

그림 3. IC 74138

표 3. 측정결과

C	B	A	Y_0	Y_1	Y_2	Y_3	Y_4	Y_5	Y_6	Y_7
0	0	0								
0	0	1								
0	1	0								
0	1	1								
1	0	0								
1	0	1								
1	1	0								
1	1	1								

(3) 4×10 디코더

그림 4와 같이 회로를 결선하고 입력 A, B, C, D에 따른 출력 $I_0 \sim I_9$를 측정하여 표 4를 작성하라.

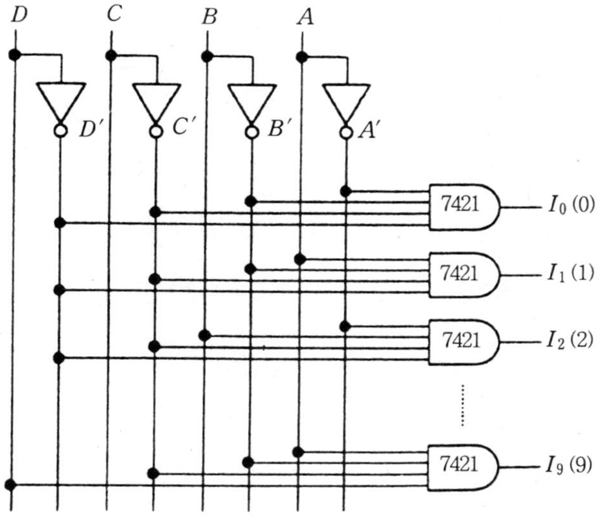

그림 4. BCD-todecimal 디코더 회로

표 3. 측정결과

D	C	B	A	I_0	I_1	I_2	I_3	I_4	I_5	I_6	I_7	I_8	I_9
0	0	0	0										
0	0	0	1										
0	0	1	0										
0	0	1	1										
0	1	0	0										
0	1	0	1										
0	1	1	0										
0	1	1	1										
1	0	0	0										
1	0	0	1										

(4) 4×2 인코더

그림 5와 같이 회로를 결선하고 입력 변화에 따른 출력 A, B를 측정하여 표 5를 작성하라.

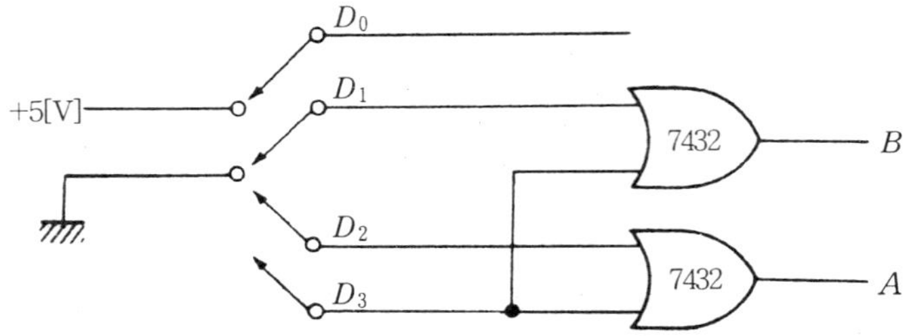

그림 5. 4×2 인코더 회로

표 5. 측정결과

D_0	D_1	D_2	D_3	A	B
1	0	0	0		
0	1	0	0		
0	0	1	0		
0	0	0	1		

(5) 10×4 인코더

그림 6과 같이 회로를 결선하고 입력 변화에 다른 출력 A, B, C, D를 측정하여 표 6을 작성하라.

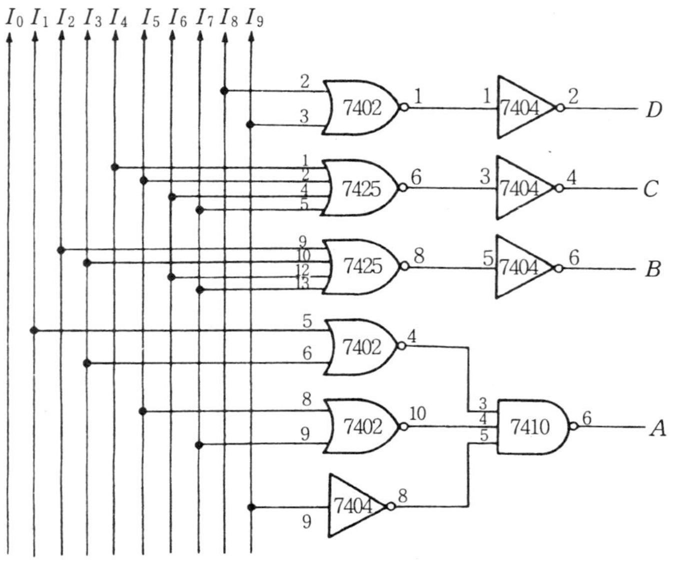

그림 6. 10×4 인코더 회로

표 6. 측정결과

I_0	I_1	I_2	I_3	I_4	I_5	I_6	I_7	I_8	I_9	D	C	B	A
1	0	0	0	0	0	0	0	0	0				
0	1	0	0	0	0	0	0	0	0				
0	0	1	0	0	0	0	0	0	0				
0	0	0	1	0	0	0	0	0	0				
0	0	0	0	1	0	0	0	0	0				
0	0	0	0	0	1	0	0	0	0				
0	0	0	0	0	0	1	0	0	0				
0	0	0	0	0	0	0	1	0	0				
0	0	0	0	0	0	0	0	1	0				
0	0	0	0	0	0	0	0	0	1				

(6) 7-Segment 표시기

그림 7과 같이 회로를 결선하여 클럭펄스를 인가할 때 7-segment 표시기의 $a \sim g$ 까지를 표 7에 작성하라.

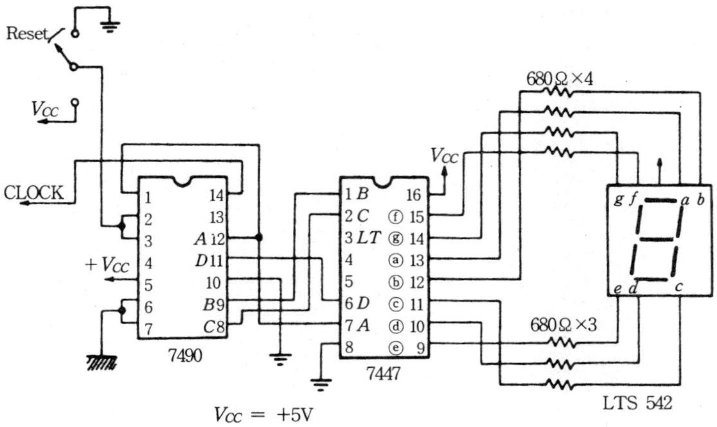

그림 7. IC 7447에 의한 7-Segment 표시기 구동회로

표 7. 측정결과

C_P	a	b	c	d	e	f	g
0							
1							
2							
3							
4							
5							
6							
7							
8							
9							

실험 6

플립플롭

1 실험 목적 :

- RS 래치와 D 래치 회로의 구성 및 동작특성을 숙지한다.
- 각종 플립플롭의 구성과 동작원리를 숙지한다.
- master-slave 플립플롭의 구성과 동작원리를 숙지한다.

2 사용기기 및 재료 :

- ☐ 디지털 실험장치
- ☐ DC power supply
- ☐ 함수 발생기(구형파 발진기)
- ☐ IC 7400(quad 2-input NAND gates)
- ☐ IC 7402(quad 2-input NOR gates)
- ☐ IC 7404(Hex inverters)
- ☐ IC 7408(quad 2-input AND gates)
- ☐ IC 7410(triple 3-input NAND gates)
- ☐ IC 7474(dual D flip-flops)
- ☐ IC 7476 dual JK flip-flops)

3 실험 순서 :

(1) RS 플립플롭(SC 플립플롭)

1) NOR 게이트 RS-latch

그림 1과 같이 회로를 구성하고 입력 S, R의 변화에 따른 출력을 측정하여 표 1을 작성하라.

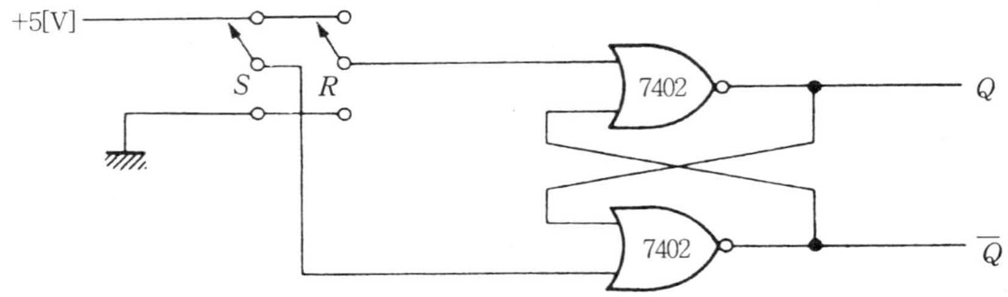

그림 1. NOR 게이트를 이용한 RS latch 회로

표 1. 측정결과

S	R	Q	$\overline{Q}$
1	0		
0	0		
0	1		
0	0		
1	1		

2) NAND 게이트 RS latch

그림 2와 같이 회로를 구성하고 입력 S, R의 변화에 따른 출력을 측정하여 표 2를 작성하라.

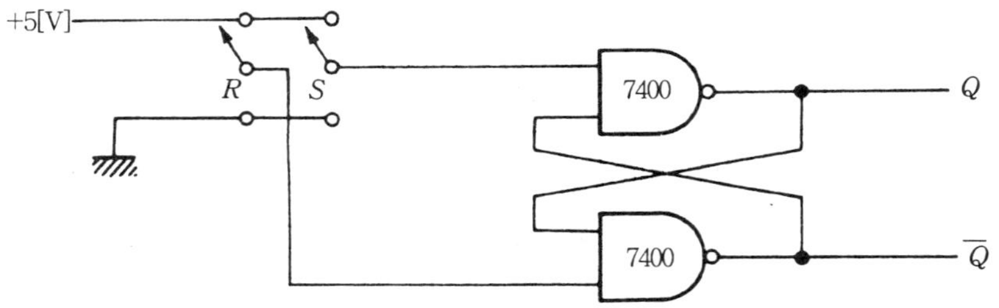

그림 2. NAND 게이트를 이용한 RS latch 회로

표 2. 측정결과

S	R	Q	$\overline{Q}$
0	1		
1	1		
1	0		
1	1		
0	0		

3) 클럭이 부가된 NOR 게이트 RS 플립플롭

그림 3과 같이 회로를 구성하고 입력 S, R와 C_P의 변화에 따른 출력을 측정하여 표 3을 작성하라.

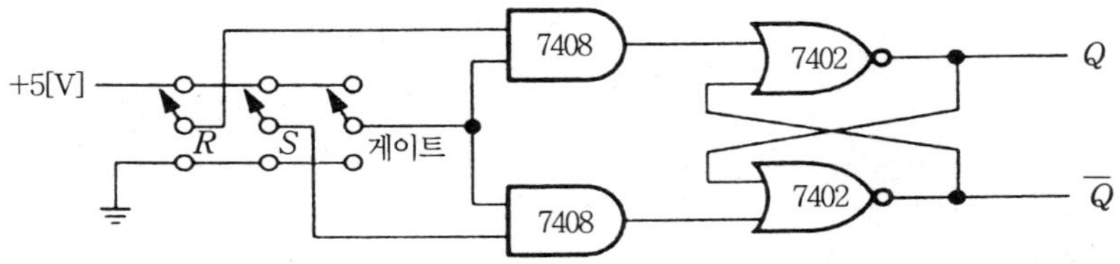

그림 3. 클럭이 부가된 NOR 게이트 RS 플립플롭

표 3. 측정결과

C_P	S	R	Q	$\overline{Q}$
0	×	×		
1	0	1		
	1	1		
	1	0		
	1	1		
	0	0		

4) 클럭이 부가된 NAND 게이트 RS 플립플롭

그림 4와 같이 회로를 구성하고 입력 S, R와 C_P의 변화에 따른 출력을 측정하여 표 4를 작성하라.

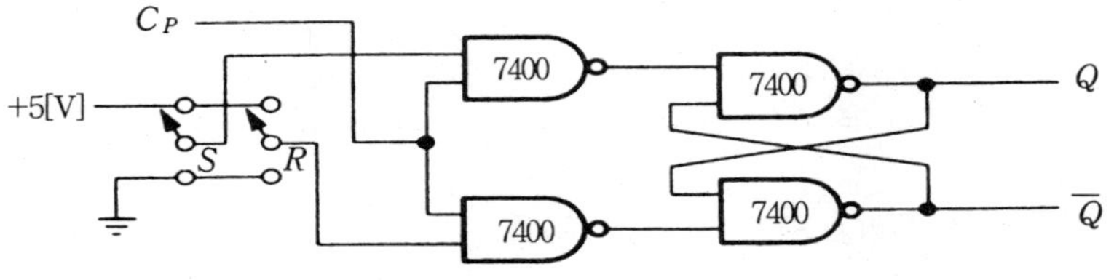

그림 4. 클럭이 부가된 NAND 게이트 RS 플립플롭

표 4. 측정결과

C_P	S	R	Q	$\overline{Q}$
0	×	×		
1	0	1		
	1	1		
	1	0		
	1	1		
	0	0		

(2) D 플립플롭

1) NOR 게이트 D latch

그림 5와 같이 회로를 구성하고 입력 D의 변화에 따른 출력을 측정하여 표 5를 작성하라.

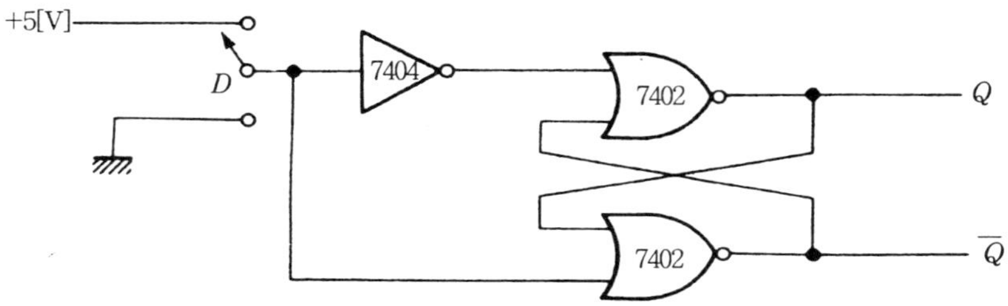

그림 5. RS latch를 이용한 D latch 회로

표 5. 측정결과

D	Q	$\overline{Q}$
0		
1		

2) 클럭이 부가된 NAND 게이트 D 플립플롭

그림 6과 같이 회로를 구성하고 입력 D와 C_P의 변화에 따른 출력을 측정하여 표 6을 작성하라.

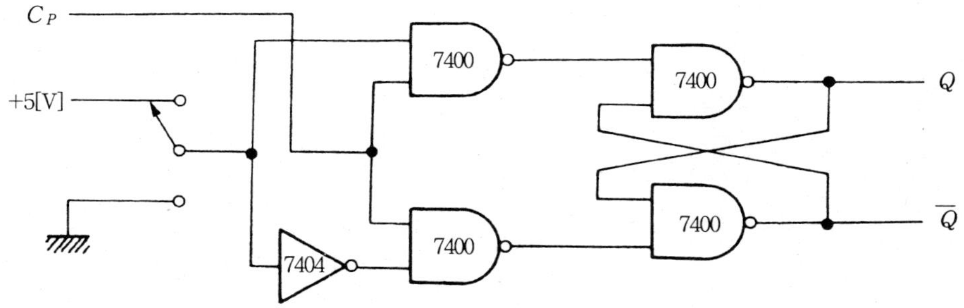

그림 6. 클럭이 부가된 D 플립플롭

표 6. 측정결과

C_P	D	Q	$\overline{Q}$
0	×		
1	0		
	1		

3) IC 7474

그림 7과 같이 회로를 구성하고 입력 D와 C_P의 변화에 따른 출력을 측정하여 표 7을 작성하라.

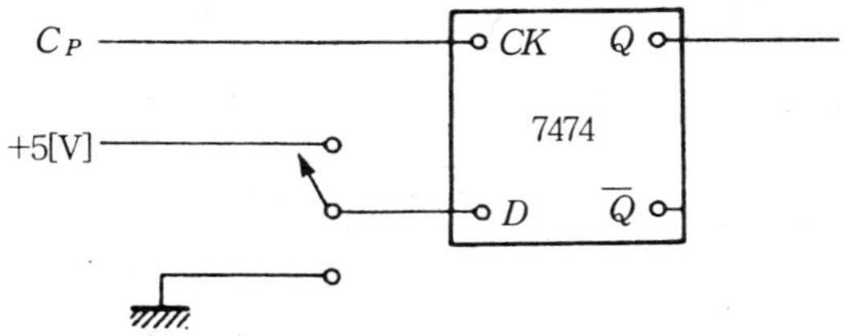

그림 7. IC 7474 회로

표 7. 측정결과

C_P	D	Q	$\overline{Q}$
0	×		
1	0		
	1		

(3) JK 플립플롭

1) NAND 게이트를 이용한 JK 플립플롭

그림 8과 같이 회로를 구성하고 입력 J, K 및 C_P의 변화에 따른 출력을 측정하여 표 8을 작성하라.

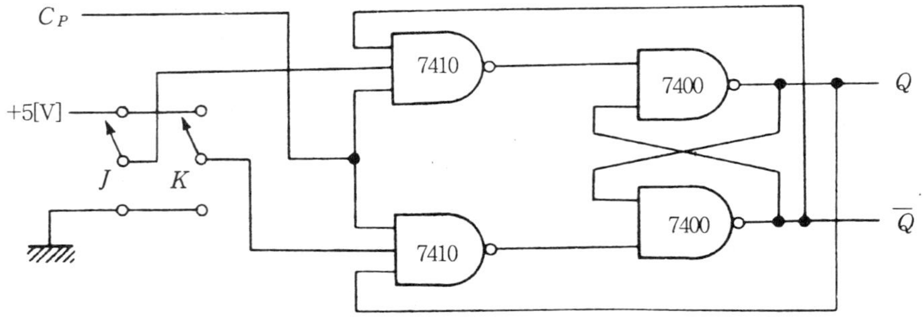

그림 8. NAND 게이트 JK 플립플롭

표 8. 측정결과

C_P	J	K	Q	$\overline{Q}$
0	×	×		
1	0	0		
	0	1		
	1	0		
	1	1		

2) IC 7476

그림 9와 같이 회로를 구성하고 입력 J, K 및 C_P의 변화에 따른 출력을 측정하여 표 9를 작성하라.

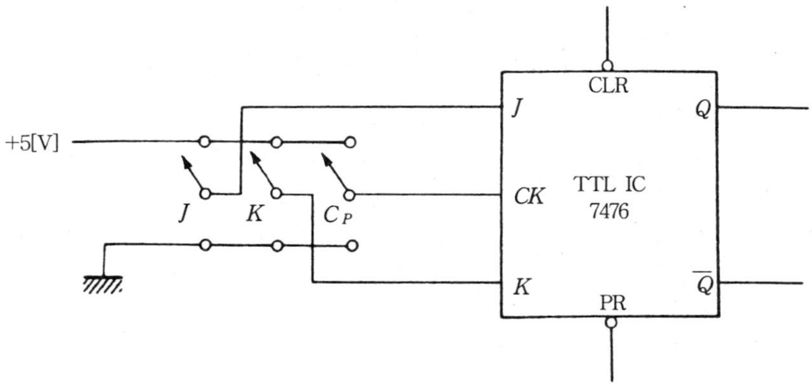

그림 9. IC 7476 회로

표 9. 측정결과

C_P	J	K	Q	$\overline{Q}$
0	×	×		
1	0	0		
	0	1		
	1	0		
	1	1		

3) NOR 게이트를 이용한 JK 플립플롭

그림 10과 같이 회로를 구성하고 입력 J, K 및 C_P의 변화에 따른 출력을 측정하여 표 10을 작성하라.

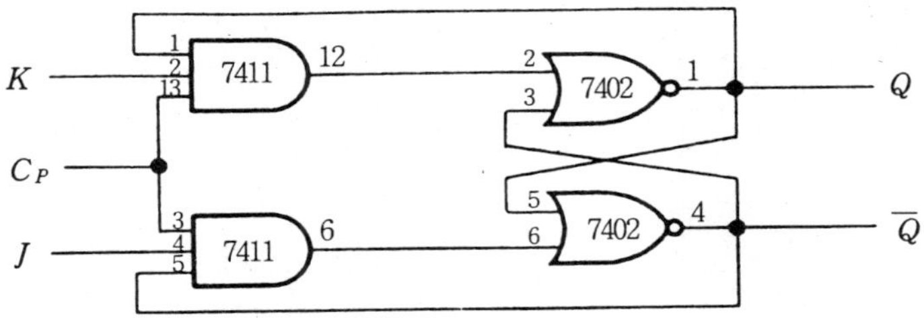

그림 10. NOR 게이트 JK 플립플롭

표 10. 측정결과

C_P	J	K	Q	$\overline{Q}$
0	×	×		
1	0	0		
	0	1		
	1	0		
	1	1		

4) MS-JK 플립플롭

그림 11과 같이 회로를 구성하여 입력 $J=K=1$로 놓고 C_P의 변화에 따른 출력 Q_M, $\overline{Q}_M$ 및 Q_S, $\overline{Q}_S$를 측정하여 표 11을 작성하라.

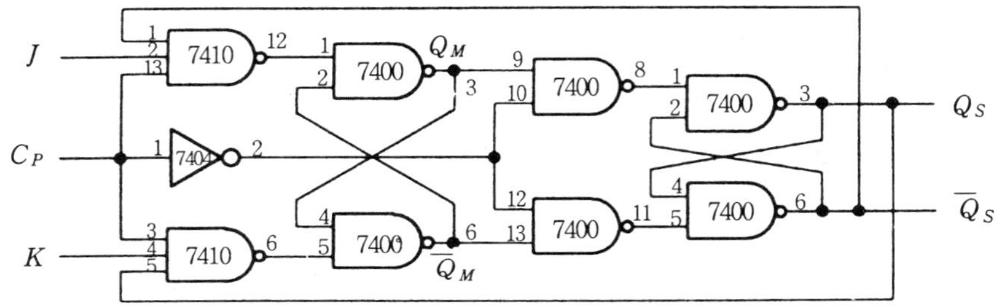

그림 11. master-slave JK 플립플롭 회로

표 11. 측정결과

C_P	Q_M	$\overline{Q}_M$	Q_S	$\overline{Q}_S$
0				
1				
0				
1				
0				
1				
0				
1				

(4) T 플립플롭

그림 12와 같이 회로를 구성하고 입력 T와 C_P의 변화에 따른 출력을 측정하여 표 12를 작성하라.

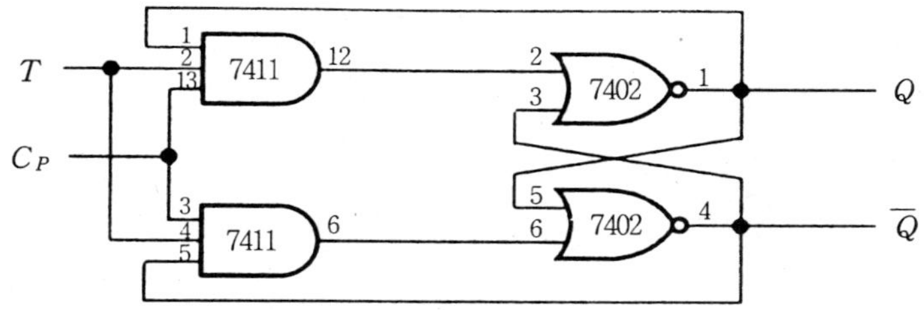

그림 12. NOR 게이트를 이용한 T 플립플롭 회로

표 12. 측정결과

C_P	T	Q	$\overline{Q}$
0	×		
1	0		
	1		

실험 7

비동기식 카운터

1 실험 목적 :

• 비동기식 리플 카운터의 구조와 동작특성을 숙지한다.

• 비동기식 업/다운 카운터의 구조와 동작원리를 파악한다.

• 비동기식 10진 카운터의 동작특성을 숙지한다.

2 사용기기 및 재료 :

☐ 디지털 실험장치
☐ DC power supply
☐ 함수발생기(구형파 발진기)
☐ 오실로스코프
☐ IC 7400(quad 2-input NAND gates)
☐ IC 7476(dual J-K flip-flops) 2개
☐ 저항 820[Ω]

3 실험 순서 :

(1) 비동기식 Count-up 카운터

그림 1과 같이 회로를 결선하고 다음 순서에 따라 실험하라.

1. clear 단자(CLR)를 접지시켰다가 +5[V]로 연결 또는 개방시켜서 카운터 출력 D, C, B, A가 0으로 초기화되는지 확인하라.

2. 클럭펄스를 하나씩 인가하여 표 1을 작성하라.

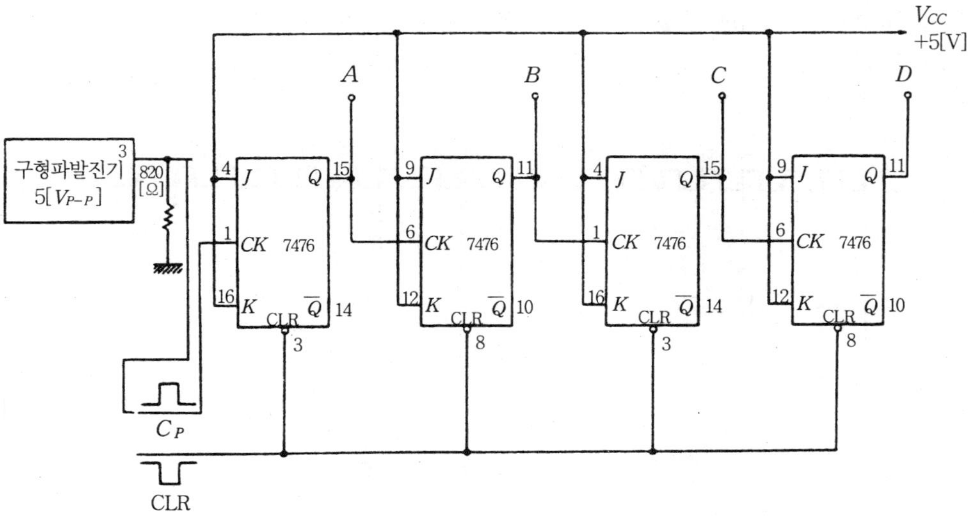

그림 1. 비동기식 count-up 카운터 회로

표 1. 단일 클럭펄스 인가시 출력결과

클럭펄스 수	*D*	*C*	*B*	*A*
0				
1				
2				
3				
4				
5				
6				
7				
8				
9				
10				
11				
12				
13				
14				
15				
16				
17				
18				
19				
20				

3. 이 회로의 클럭단자에 구형파 발진기를 접속하고 1[Hz]와 1[㎑]에 대하여 오실로코프로 C_P, D, C, B, A의 파형을 관측하여 그림 2와 그림 3에 각각 도시하라.

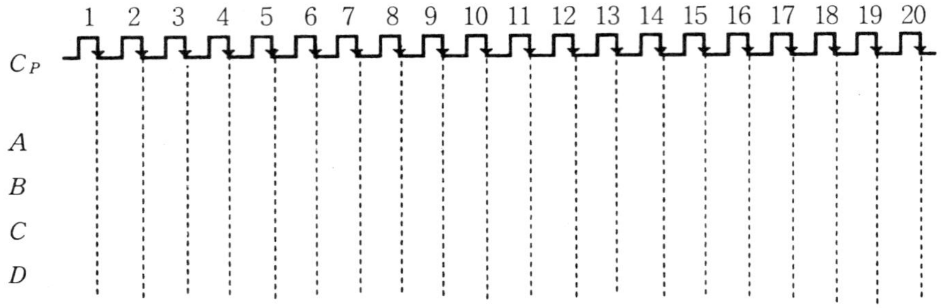

그림 2. 클럭펄스 1[Hz]에 대한 출력파형

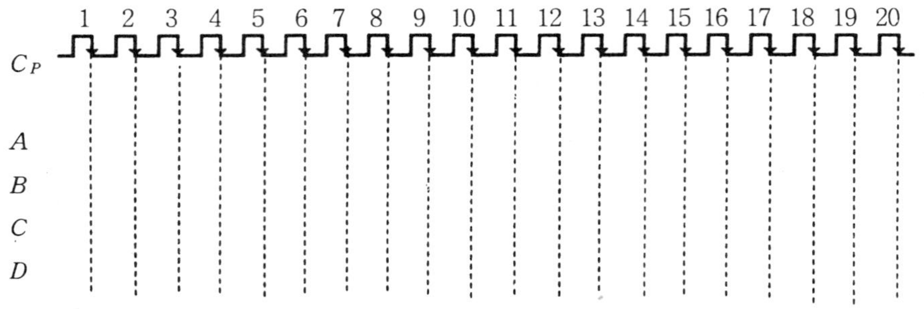

그림 3. 클럭펄스 1[㎑]에 대한 출력파형

(2) 비동기식 count-down 카운터

그림 4와 같이 회로를 결선하고 다음 순서에 따라 실험한다.

1. preset 단자(PR)를 접지시켰다가 +5[V]로 연결 또는 개방시켜서 카운터 출력 D, C, B, A가 1로 초기화되는지 확인하라.

2. 클럭펄스를 하나씩 인가하여 표 2를 작성하라.

3. 이 회로의 클럭단자에 구형파 발진기를 접속하고 1[Hz]와 1[㎑]에 대하여 오실로스코프로 C_P, D, C, B, A의 파형을 관측하여 그림 5와 그림 6에 각각 도시하라.

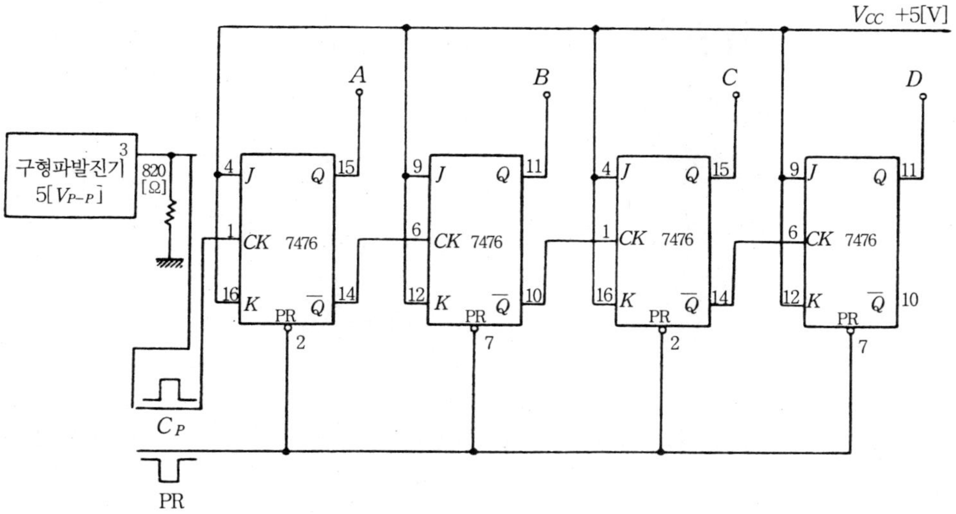

그림 4. 비동기식 count down 카운터 회로

표 2. 단일 클럭펄스 인가시 출력상태

클럭펄스 수	D	C	B	A
0				
1				
2				
3				
4				
5				
6				
7				
8				
9				
10				
11				
12				
13				
14				
15				
16				
17				
18				
19				
20				

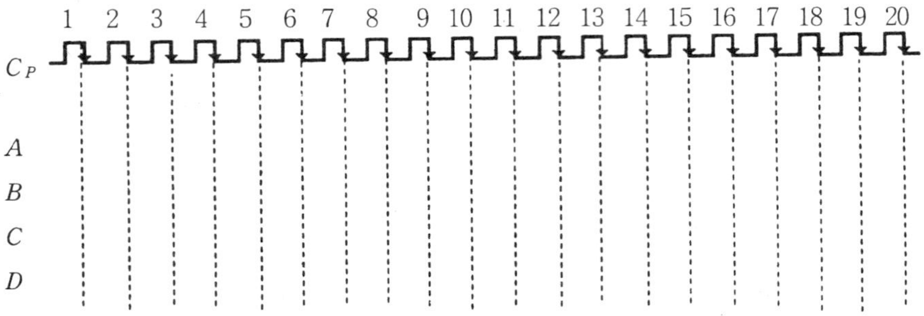

그림 5. 클럭펄스 1[Hz]에 대한 출력파형

그림 6 클럭펄스 1[kHz]에 대한 출력파형

(3) 비동기식 10진 카운터

그림 7과 같이 회로를 결성하고 다음 순서에 따라 실험하라.

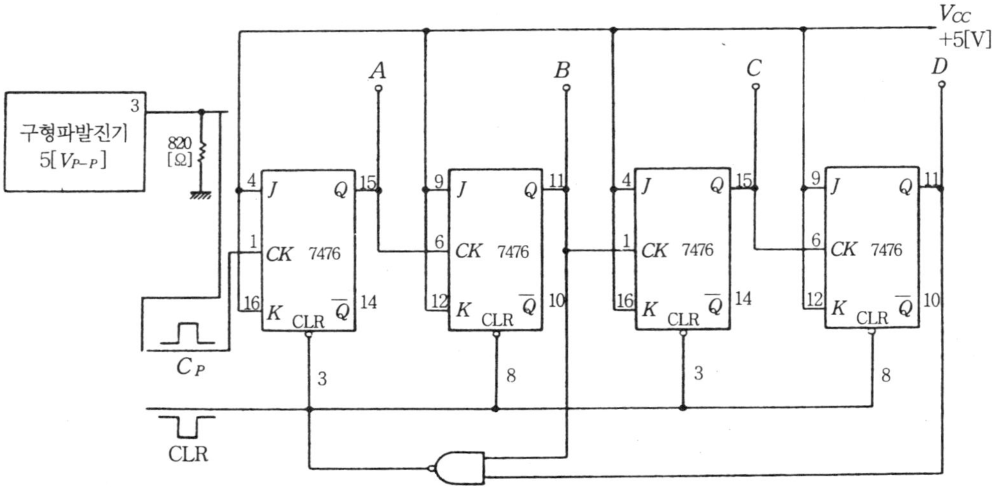

그림 7. 비동기식 10진 카운터 회로

1. clear 단자(CLR)를 접지시켰다가 +5[V]로 연결 또는 개방시켜서 카운터 출력 D, C, B, A가 0으로 초기화되는지 확인하라.

2. 클럭펄스를 하나씩 인가하여 표 3을 작성하라.

표 3. 단일 클럭펄스 인가시 출력상태

클럭펄스 수	D	C	B	A
0				
1				
2				
3				
4				
5				
6				
7				
8				
9				
10				
11				
12				
13				
14				

3. 이 회로의 클럭단자에 구형파 발진기를 접속하고 1[Hz]와 1[㎑]에 대하여 오실로스코프로 C_P, D, C, B, A의 파형을 관측하여 그림 8과 그림 9에 각각 도시하라.

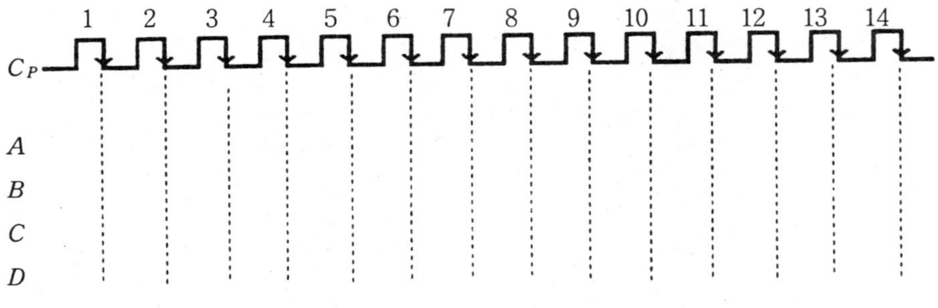

그림 8. 클럭펄스 1[Hz]에 대한 출력파형

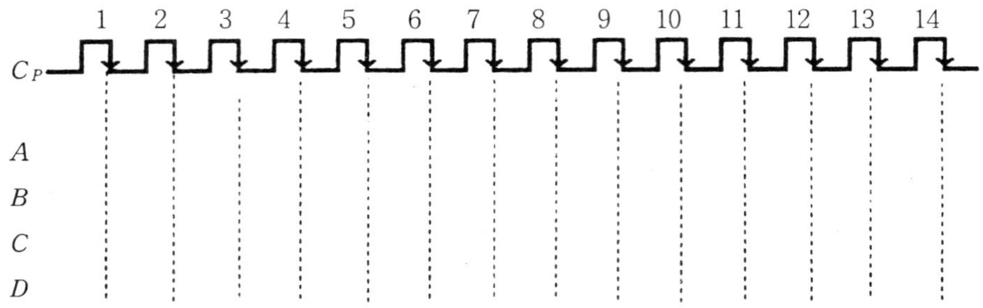

그림 9. 클럭펄스 1[㎑]에 대한 출력파형

실험 8

다이오드의 반파, 전파 및 브리지정류

실험 예비 보고서

학 과 :		학 번 :	
조/반 · 번호 :	( )조 / ( )반 ( ) 번	이 름 :	

다이오드의 반파, 전파 및 브리지정류

1. 교류를 직류로 변환시키는 과정을 무엇이라고 하는가?

2. 반파정류기의 피크값이 30 V_{peak}일 때 평균전압 V_{dc}는 얼마인가?

3. PIV를 정의하여라.

4. 반파정류회로가 2 kΩ의 저항에 30 mA의 직류전류를 공급할 때 이 때에 정류된 평균 직류전압은 얼마인가?

5. 5 : 1 강하 변압기의 1차측 전압이 120 V_{rms}일 때 반파정류기의 직류전압은 얼마인가?

6. 피크 정류전압이 60 V인 전파정류기의 평균 출력 직류전압을 계산하여라.

7. 브리지정류기의 평균 출력 직류전압이 30 V일 때 다이오드의 PIV는 얼마인가?

8. 전파정류기와 브리지정류기의 차이점을 설명하여라.

9. 다음 그림에서 2차 전압이 40 V_{rms}일 때 직류 출력전압과 디이오드의 정격 직류전류를 각각 계산하여라.

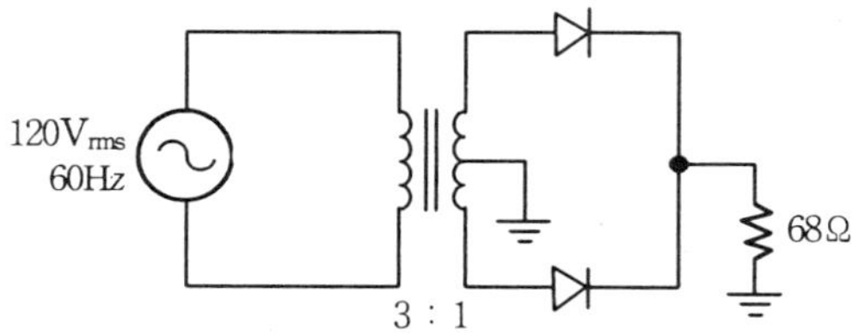

10. 브리지정류기의 회로를 그리고, 그 동작내용을 설명하여라.

참고 문헌 :

1. 임경택, "전자회로공학", 형설출판사, 1995, pp. 645~656
2. 신인철 외 3인, "대학전자회로실험", 청문각, 1997, pp. 61~67
3. 김익수 외 1인, "전자공학", 연학사, 1996, pp. 165~175
4. 신인철 외 1인, "기초전자공학실험", 연학사, 1994, pp. 203~204
5. 이영근, "전자공학의 기초", 광림사, 1981, pp. 242~252
6. Theodore, "EXPERIMENTS IN ELECTRONIC DEVICES AND CIRCUITS", Merrill, 1986, pp. 225~227
7. Robert boylestad, "Electronics Device and Circuit", Prentice-Hall, 1978, pp. 80~87

주의 사항 :

1. 60 Hz의 교류전원을 사용할 때 오실로스코프의 트리거 모드는 LINE에 두고 측정하도록 한다.

2. 중간 탭 변압기의 접지를 확실하게 하여 입 · 출력파형의 왜곡현상이 일어나지 않도록 주의한다.

다이오드의 반파, 전파 및 브리지정류

1 실험 목적 :

• 다이오드의 전파정류기에 대한 입 · 출력파형을 관찰하고 측정한다.

• 다이오드의 브리지정류기에 대한 입 · 출력파형을 관찰하고 측정한다.

2 사용기기 및 재료 :

□ 오실로스코프	1대
□ SPICE	1셋트
□ 회로시험기/DMM	1대
□ 다이오드 1N914	4개
□ 저항 10 kΩ, 1/2 W	1개
□ 중간 탭 변압기 110 V/0, 6, 12 V	1개
□ 만능 보드	1개

3 실험 순서 :

(1) 반파정류기

1. 그림 1과 같은 회로를 구성하고 입력전압 V_{in}을 오실로스코프로 측정하여 파형과 V_{P-P}를 표 1에 기록한다. V_{in}은 CH_1에, V_{out}은 CH_2에 연결한다.
   주의 : 그림 1의 V_{in}은 변압기 1차측의 교류전원 120 V가 아님을 명심하기 바람.

2. 부하저항 R_L 양단의 출력전압 V_{out} 을 오실로스코프로 측정하여 표 1에 기록한다. Peak-Peak 전압 V_{P-P}를 표 1에 기록한다. 회로시험기나 디지털 멀티미터(DMM)로 R_L 양단의 DC전압을 측정하여 역시 표 1에 기록한다.

3. 다이오드 양단의 전압을 오실로스코프로 측정하여 파형을 표 1에 나타내고, 최대역전압 PIV [V_{peak}]도 구하여 표 1에 기록한다.

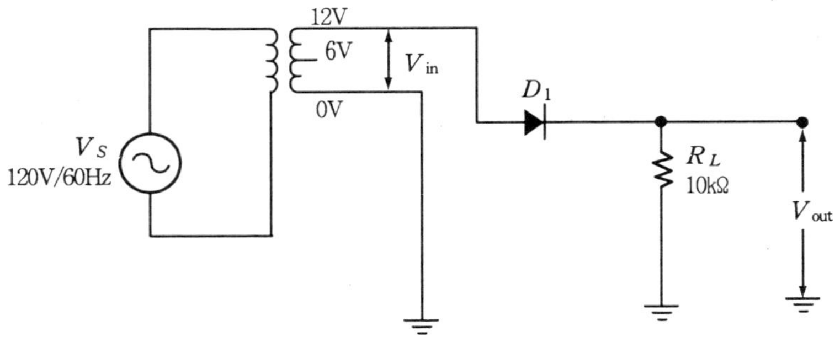

그림 1. 반파정류기

(2) 전파정류기

4. 그림 2와 같은 회로를 구성하고, V_{in} 은 오실로스코프의 CH_1 에, V_{out} 은 CH_2 에 연결한다.

5. 중간 탭 변압기의 2차측에서 V_{AB}와 V_{BC}가 똑같이 6 V_{rms} 가 되는 지를 회로시험기로 측정해 본다. 차이가 많이 나는 경우는 다른 변압기로 대체한다.

6. 중간 탭 변압기의 2차측에서 $V_{AB} = V_{BC}$ 의 Peak-Peak값과 파형을 오실로스코프로 측정하여 표 2에 나타낸다.

7. V_{out} 의 Peak-Peak전압 파형을 오실로스코프로 측정하여 표 2에 나타낸다.

8. 회로시험기로 R_L 양단의 전압의 직류전압 V_{dc}를 측정하여 표 2에 나타낸다.

9. 다이오드 D_1 또는 D_2 양단의 전압을 오실로스코프로 측정하여 파형과 PIV를 표 2에 기록한다.

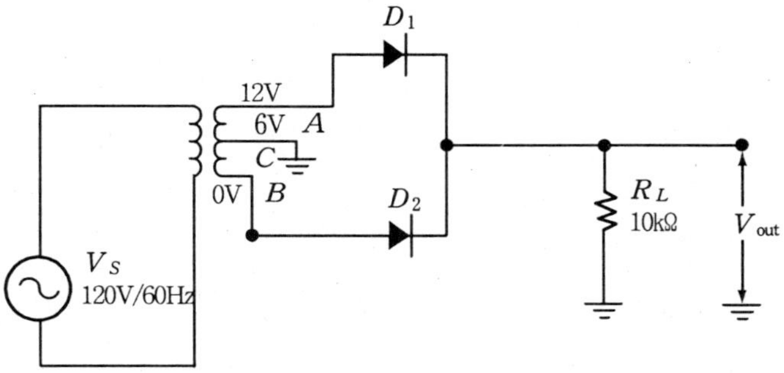

그림 2. 전파정류기

(3) 브리지정류

10. 그림 3과 같은 회로를 구성하고 V_{in}은 오실로스코프의 CH_1에, V_{out}은 CH_2에 각각 접속한다.

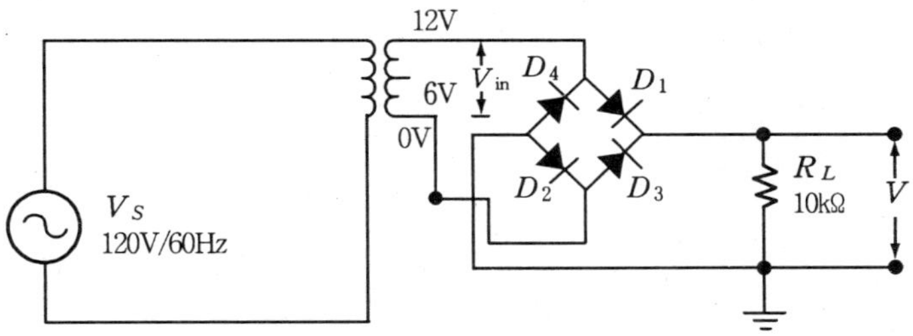

그림 3. 브리지정류기

11. 그림 3과 같은 회로를 연결하고 입력전압 V_{in}을 오실로스코프의 CH_1으로 측정하여 파형과 Peak-Peak값을 표 3에 기록한다.

12. 부하저항 R_L양단의 출력전압 V_{out}을 오실로스코프의 CH_2으로 측정하여 표 3에 기록한다. Peak-Peak전압 V_{P-P}를 표 3에 기록한다.

13. PIV를 구하기 위해 다이오드 D_1의 양단전압을 오실로스코프로 측정하고 표 3에 나타낸다.

14. 회로시험기로 R_L양단의 직류전압 V_{dc}를 측정하여 표 3에 나타낸다.

실험 결과 보고서

평가	월	일
		(인)

실 험 일 자 : ____________________ 학 과 : ____________________

학 번 : (반, 번호) 공동 실험자 : ____________________

이 름 : ____________________ ____________________

다이오드의 반파, 전파 및 브리지정류

4 실험 결과 :

(1) 반파정류

1. 실험 순서 2, 3에 언급한 내용을 표 1에 기록한다.

표 1. 반파정류

구 분	파 형	전 압	
입력전압 V_{in}		$V_{P-P}=$ _______[V]	
출력전압 V_{out}		$V_{P-P}=$ _______[V]	$V_{dc}=$ _______[V]
다이오드 역방향전압 V_D		최대 역전압 [PIV]= _______[Vp]	

(2) 전파정류

2. 실험 순서 6~9에 언급한 내용을 표 2에 기록한다.

표 2. 전파정류

구 분	파 형	전 압	
입력전압 V_{in} $V_{AC} = V_{BC}$		$V_{P-P}=$ _________[V]	
출력전압 V_{out}		$V_{P-P}=$ _________[V]	$V_{dc}=$ _________[V]
$V_{D1} = V_{D2}$		최대 역전압 [PIV]= [Vp]	

(3) 브리지정류

3. 실험 순서 11~14에서 지시한 내용대로 표 3에 기록한다.

표 3. 브리지정류

구 분	파 형	전 압	
입력전압 V_{in}		$V_{P-P}=$ _________[V]	
출력전압 V_{out}		$V_{P-P}=$ _________[V]	$V_{dc}=$ _________[V]
V_{D1}		최대 역전압 [PIV]= _________[Vp]	

5 고찰 사항 :

1. 반파정류기의 직류전압 V_{dc}는 $V_{dc}=0.318\,V_{2(peak)}$로 주어진다.
   표 1의 결과를 이용하여 이것이 성립되는 지를 검토하여라. 여기서 $V_{2(peak)}$는 변압기 2차측 피크전압이다.

2. 전파정류기의 V_{dc}는 $V_{dc}=0.636\,V_{out(peak)}$로 주어진다.
   표 2의 결과를 이용하여 이것이 성립되는 지를 검토하여라. 여기서 $V_{out(peak)}$는 변압기 2차측 1선과 중간 탭 간의 Peak전압($V_{ac}=V_{bc}$)이다.

3. 브리지정류기의 최대 역전압(PIV)는 표 3의 결과에서 PIV $=V_{2(peak)}$가 성립되는 지를 검토하여라. 단, $V_{2(peak)}$는 변압기 2차측 피크전압이다.

평가기준 :

실험실습 내용					보고서 사항				
구분 \ 등급	A	B	C	D	구분 \ 등급	A	B	C	D
회로 조립상태	5	4	3	2	실험 예비 보고서	10	8	6	4
계측기 사용 태도	5	4	3	2	실험 결과 보고서	20	16	12	8
실험실습 결과의 정확성	15	12	9	6	고찰 사항	5	4	3	2
실험실습 결과의 분석·평가	15	12	9	6	실험관련 질의·응답	10	8	6	4
실험자세 및 정리정돈상태	10	8	6	4	기타 사항	5	4	3	2
소 계					소 계				
합 계									

실험 9

콘덴서 입력형필터, 전압배율기

실험 예비 보고서

학　　과 : ________________　　　학　　번 : ________________

조/반 · 번호 : (　)조 / (　)반 (　) 번　　　이　　름 : ________________

콘덴서 입력형필터, 전압배율기

1. 브리지정류기가 10 mA의 직류부하전류와 470 μF의 커패시턴스를 갖고 있다. 콘덴서 입력형필터의 피크-피크리플을 계산하여라.

2. 다음 그림과 같은 반파정류기의 콘덴서 입력형필터가 있다.
직류 출력전압을 계산하여라.
단, $V_{in} = 100 \sin(2\pi \times 60t)$이다.

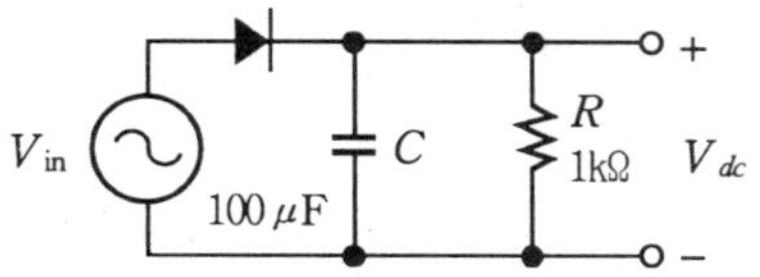

3. 다음 회로에서 콘덴서 C에 충전되는 전압은 얼마인가?
단, $V_{in} = 200 \sin \omega t$, $n_1 : n_2 = 4 : 1$이다.

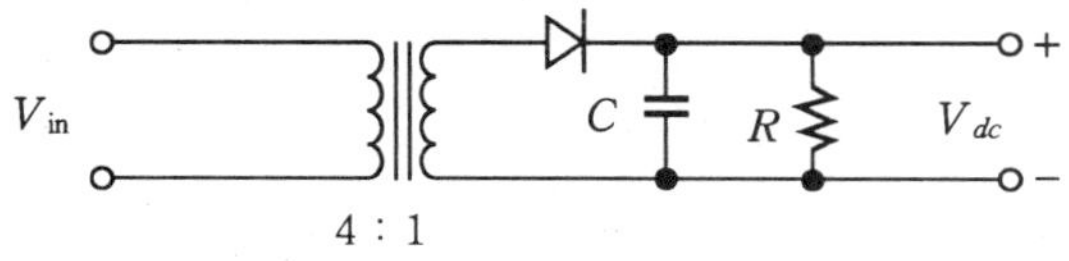

4. 콘덴서 입력형필터에서 리플함유율을 줄이려면 어떻게 해야 하는가?

5. 반파 2배전압기의 회로를 그리고, 각 커패시터양단의 전압 및 다이오드의 PIV를 구하라.

6. 전파 2배 전압회로를 그리고, 입력전압이 20 V_{rms} 일 때, 출력전압은 얼마인가?

참고 문헌 :

1. 임경택, "전자회로공학", 형설출판사, 1995, pp. 659~665
2. 김익수 외 1인, "전자공학", 연학사, 1996, pp. 182~183
3. 신인철 외 1인, "기초전자공학실험", 연학사, 1994, pp. 219~221
4. Theodore, "EXPERIMENTS IN ELECTRONIC DEVICES AND CIRCUITES", Merrill, 1986, pp. 228~230
5. Robert boylestad, "Electronics Device and Circuit", Prentice-Hall, 1978, pp. 87~96
6. 정현기, "디지털 전자회로", 문운당, 1992, pp. 87~101
7. 장학신, "전자회로", 광문각, 1992, pp. 81~86

주의 사항 :

1. 변압기 1차측은 AC 120 V 60 Hz의 상용교류전원이므로 감전사고가 일어나지 않도록 주의한다.

2. 오실로스코프의 트리거 모드는 LINE에 놓고 사용하도록 한다.

3. 콘덴서를 재사용하여 측정할 경우 반드시 방전시켜 실험에 임하도록 한다.

콘덴서 입력형필터, 전압배율기

1 실험 목적 :

- 반파 · 전파정류기의 콘덴서 입력형필터에 대한 직류출력과 파형관측을 실험으로 확인한다.
- π 형필터의 구성원리를 이해하고, 직류출력에 대한 파형을 관측한다.
- 2배 전압배율기의 실험을 통해서 전압배율기의 동작을 이해한다.

2 사용기기 및 재료 :

□ 오실로스코프	1대
□ DMM	1대
□ 변압기 (중간 탭) 120 V/12 V, 6 V	1개
□ 다이오드 1N914	2개
□ 저항 10 kΩ	1개
1 kΩ	1개
100 kΩ	1개
□ 커패시터 10 μF 50 V	2개
100 μF 50 V	1개
□ 반도체 회로실험기	1셋트
□ 인덕터 8H, 85 mA, 250 Ω	1개
□ 스위치 SPST	1개
□ 만능 보드	1개

3 실험 순서 :

(1) 반파 콘덴서 입력형필터

1. 그림 1과 같은 회로를 구성하고 전원을 차단시킨다.

2. 전원을 투입하고 스위치 S_1 을 닫는다. 오실로스코프의 CH_1 을 변압기 2차측에 연결하고, CH_2

는 R_L양단에 연결한다. 입력전압과 부하저항 R_L양단의 전압을 오실로스코프로 측정하여 그 파형을 표 1에 기록한다.

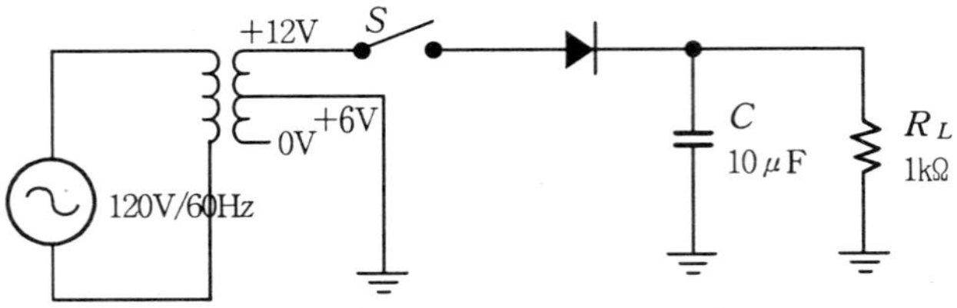

그림 1. 반파 콘덴서 입력형필터z

3. DMM을 사용하여 R_L양단에 직류전압 V_{dc}를 측정하여 표 1에 기록하여라. 오실로스코프로 리플전압파형을 관측하여 리플전압의 V_{P-P}값을 표 1에 기록한다.

4. 전원을 끄고 10μF커패시터를 100μF으로 바꾸어 실험 순서 2, 3을 반복하여 결과를 표 1에 기록한다.

(2) 전파 콘덴서 입력형필터

5. 그림 2와 같은 회로를 구성한다.

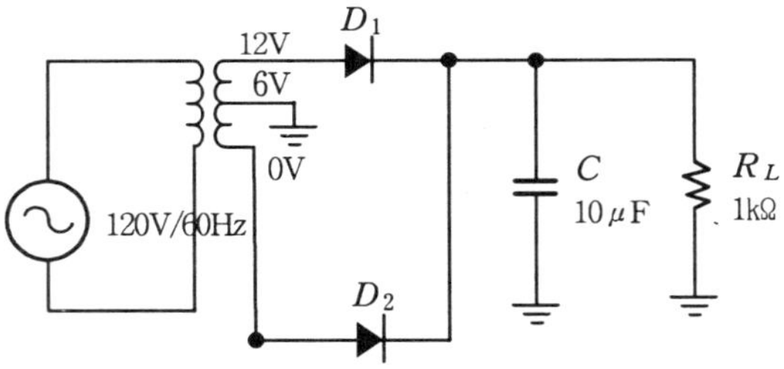

그림 2. 전파 콘덴서 입력형필터

6. 실험 순서 2~4를 반복하여 그 결과를 표 2에 기록한다.

(3) π 형필터

7. 그림 3과 같은 회로를 접속하고 R_L양단의 직류 출력전압 V_{dc}를 DMM으로 측정하여 표 3에 기록한다.

8. 오실로스코프 CH_2를 R_L양단에 연결하고, 출력의 리플전압파형을 관측하여 리플전압의 V_{P-P} 값과 그 파형을 표 3에 기록한다. 또, 입력전압도 함께 기록한다.

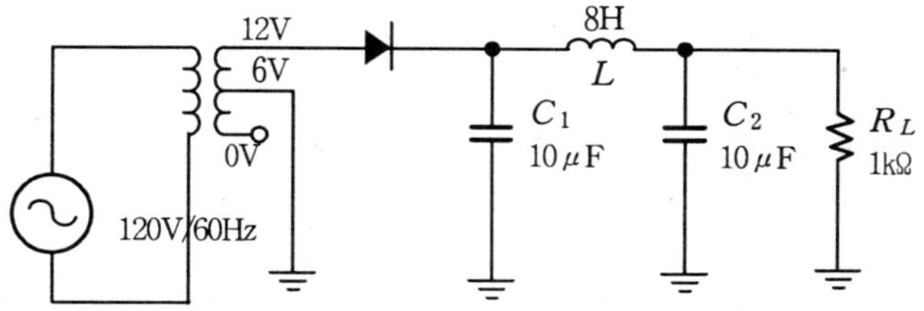

그림 3. π형필터 실험회로

9. 인덕터 L을 100Ω 저항으로 바꾸어 R_L 양단의 직류 출력전압 V_{dc}를 DMM으로 측정하여 표 3에 기록한다.

10. 오실로스코프로 출력의 리플전압파형을 관측하여 리플전압의 V_{P-P}값과 그 파형을 역시 표 3에 기록한다.

(4) 반파 2배 전압기

11. 그림 4와 같은 실험회로를 구성하고, 오실로스코프로 CH_1을 입력 V_{in}에 접속하고 CH_2를 R_L 양단의 출력단에 각각 접속한다.

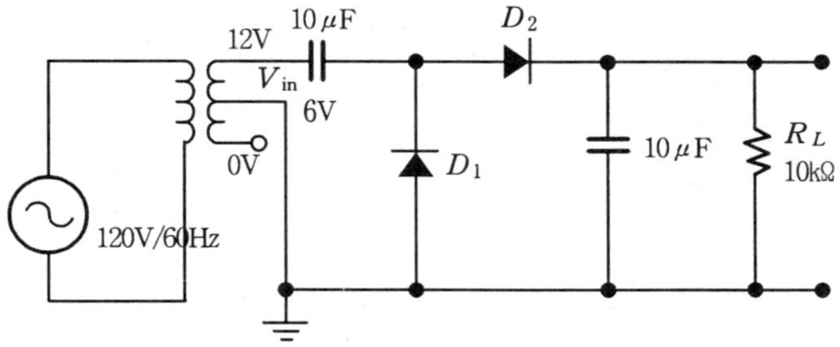

그림 4. 반파 2배 전압기 실험회로

12. 오실로스코프의 CH_1에 접속되어 있는 V_{in}의 파형과 CH_2에 접속되어 있는 R_L 양단의 출력 전압 V_{out}의 파형을 표 4에 기록한다. V_{out}의 리플전압 V_{P-P}도 기록한다.

실험 결과 보고서

<table>
<tr><td rowspan="2">평
가</td><td>월</td><td>일</td></tr>
<tr><td colspan="2">(인)</td></tr>
</table>

실 험 일 자 : ______________ 학 과 : ______________

학 번 : (반, 번호) 공동 실험자 : ______________

이 름 : ______________ ______________

콘덴서 입력형필터, 전압배율기

4 실험 결과 :

(1) 반파 콘덴서 입력형필터

1. 실험 순서 2~4에 지시된 내용의 실험 결과를 표 1에 기록한다.

표 1. 반파 콘덴서 입력형필터

실험 순서	입·출력파형	리플값 V_{P-P}	직류출력 V_{dc}	실험 순서	입·출력파형	리플값 V_{P-P}	직류출력 V_{dc}
2 3		[V]	[V]	4		[V]	[V]

(2) 전파 콘덴서 입력형필터

2. 실험 순서 6에 대한 실험 결과를 표 2에 기록한다.

표 2. 전파 콘덴서 입력형필터

실험 순서	입·출력파형	리플값 V_{P-P}	직류출력 V_{dc}	실험 순서	입·출력파형	리플값 V_{P-P}	직류출력 V_{dc}
6		[V]	[V]	6		[V]	[V]

(3) π 형필터

3. 실험 순서 7~10에 대한 π 형필터의 실험 결과를 표 3에 기록한다.

표 3. π 형필터

실험 순서	입·출력파형	리플값 V_{P-P}	직류출력 V_{dc}	실험 순서	입·출력파형	리플값 V_{P-P}	직류출력 V_{dc}
7 8		[V]	[V]	9 10		[V]	[V]

(4) 반파 2배전압기

4. 실험 순서 11~12에 언급된 입·출력파형을 표 4에 기록한다.

표 4. 반파 2배 전압기 입·출력파형

입력파형(V_{in})				출력파형(V_{out})				V_{P-P}
								[V]

5 고찰 사항 :

1. 실험 순서 1의 반파 콘덴서 입력형필터에서 커패시터 C가 있을 때의 파형과 없을 때의 파형을 관측하여 그 차이점을 말하여라.
2. 리플을 줄이기 위해서는 커패시터의 용량이 커야 하는가? 작아야 하는가? 실험 결과를 참고하여 말하여라.
3. π형필터가 반파 및 전파 콘덴서 입력형필터보다 그 출력 특성이 좋은지 나쁜 지의 여부를 검토하고 그 이유를 설명하여라.
4. 반파 2배 전압기의 실험회로에서 출력의 측정 결과값과 이론에 의한 출력값과 비교하여 어느 정도의 오차가 있는지를 설명하여라.
5. 전압배율기의 용도는 주로 어느 곳에 사용되는가?

평가기준 :

실험실습 내용					보고서 사항				
구분 \ 등급	A	B	C	D	구분 \ 등급	A	B	C	D
회로 조립상태	5	4	3	2	실험 예비 보고서	10	8	6	4
계측기 사용 태도	5	4	3	2	실험 결과 보고서	20	16	12	8
실험실습 결과의 정확성	15	12	9	6	고찰 사항	5	4	3	2
실험실습 결과의 분석·평가	15	12	9	6	실험관련 질의·응답	10	8	6	4
실험자세 및 정리정돈상태	10	8	6	4	기타 사항	5	4	3	2
소 계					소 계				
합 계									

실험 10 다이오드 리미터(클리퍼)

실험 예비 보고서

학　　과 : ______________　　학　　번 : ______________

조/반 · 번호 : (　)조 / (　)반 (　) 번　　이　　름 : ______________

다이오드 리미터(클리퍼)

1. 직류 클리핑회로의 기본 구성 요소는 무엇인가?

2. 직류 클리핑(리미트)회로를 그리고 동작내용을 설명하여라.

3. 다음 회로는 바이어스 직렬 클리핑회로이다. 출력파형을 나타내어라.

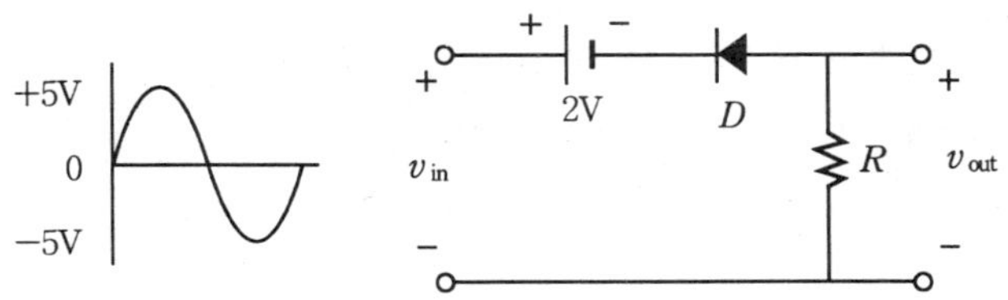

4. 문제 3의 그림에서 다이오드의 방향을 바꾸면 출력파형은 어떻게 변하는지를 파형으로 나타내어라.

5. 다음의 바이어스 병렬 클리핑회로에서 출력파형을 나타내어라.

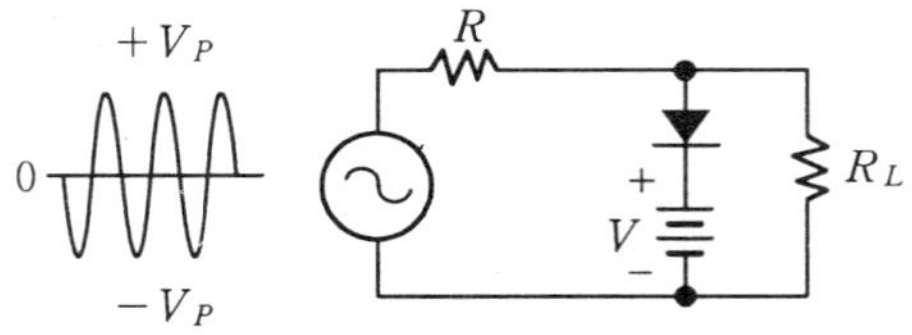

6. 다음의 바이어스 병렬 클리핑회로에서 출력파형을 나타내어라.

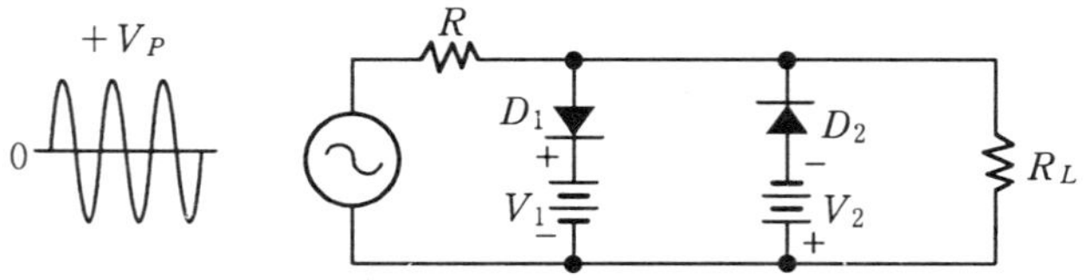

7. 문제 5에서 직류전압 V의 방향을 바꾸면 출력파형은 어떻게 되는지를 나타내어라.

참고 문헌 :

1. 신인철 외 3인, "대학전자회로실험", 청문각, 1997, pp. 79～82
2. 이영근, "전자공학의 기초", 광림사, 1981, pp. 240～267
3. 임경택, "전자회로공학", 형설출판사, 1995, pp. 595～599
4. Theodore, "EXPERIMENTS IN ELECTRONIC DEVICES AND CIRCUITS", Merrill CO, 1986, pp. 207～210
5. Robert boylestad, "Electronics Device and Circuits, Prentice-Hall", 1978, pp. 44～46
6. 조학현, "일반전자공학", 삼원출판사, 1995, pp. 268～295
7. 정현기, "디지탈 전자회로", 문운당, 1992, pp. 87～101
8. 박건작, "실용전자회로", 기다리, 1997, pp. 88～95

다이오드 리미터(클리퍼)

1 실험 목적 :

• 다이오드를 이용하여 리미터회로를 구성하고, 실제 동작시켜 특성을 확인한다.

• 다이오드의 순방향, 역방향 바이어스방법을 실험으로 확인한다.

2 사용기기 및 재료 :

□ 오실로스코프	1대
□ 전주파 신호발생기	1대
□ 직류전원장치(DC power supply) 0~30V	1대
□ 다이오드 1N4002	1개
1N4004	1개
□ 저항 27㏀ 1/2W	1개
1㏀ 1/2W	1개
□ 만능 보드	1개
□ 고주파 발진기	1대
□ 건전지 1.5V DM	1개
□ 건전지 홀더 DM용	1개

3 실험 순서 :

(1) 직렬 리미터

1. 그림 1과 같은 직렬 음의 리미터회로를 접속한다. 저주파 신호발생기를 정현파 모드로 절환하고, 조절기를 조정하여 주파수를 1㎑, Peak-Peak전압을 3 V_{P-P}로 맞춘다. 이 때 정확도를 기하기 위하여 주파수와 전압을 오실로스코프로 측정한다.

2. 그림 1의 V_{in}, V_{out}의 Peak-Peak전압 V_{P-P}를 오실로스코프로 측정하여 표 1의 (a), (b)에 그린다.

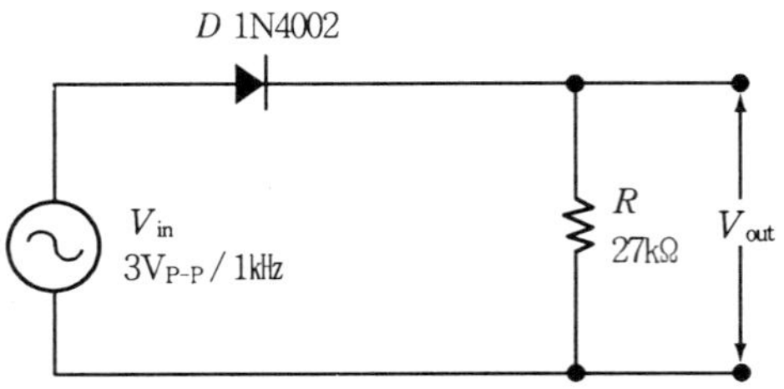

그림 1. 직렬 음의 리미터

3. 그림 1에서 다이오드의 방향을 바꾸어 V_{in}, V_{out}의 Peak-Peak전압 V_{P-P}를 오실로스코프로 측정하여 표 1의 (c), (d)에 그린다.

(2) 병렬 리미터

4. 그림 2와 같은 병렬 양의 리미터회로를 접속하여 입력전압 V_{in}을 3 V_{P-P}로, 주파수 f를 1㎑로 맞추고, 입력전압 V_{in}과 출력전압 V_{out}을 오실로스코프로 측정하여 표 2의 (a), (b)에 그린다.

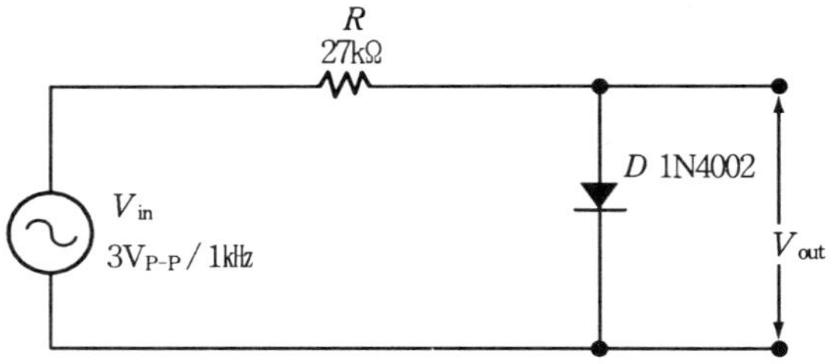

그림 2. 병렬 양의 리미터

5. 그림 2에서 다이오드의 방향을 바꾸어 V_{in}과 V_{out}을 오실로스코프로 측정하고 표 2의 (c), (d)에 기록한다.

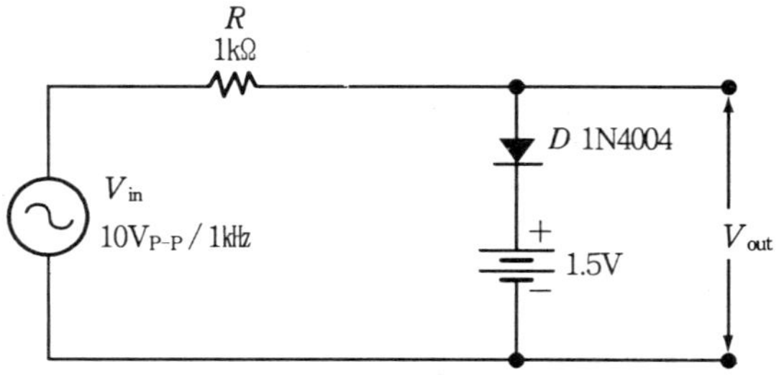

그림 3. 바이어스된 양의 리미터

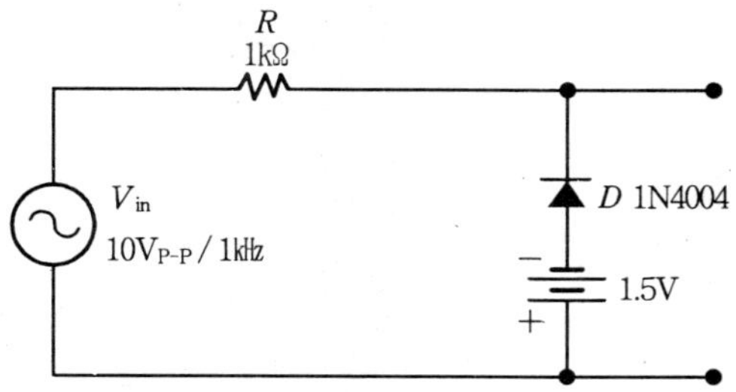

그림 4. 바이어스된 음의 리미터

(3) 바이어스 리미터

6. 그림 3과 같이 리미터회로를 구성한다.
   배터리를 1.5V로 하고, 펄스발생기의 Peak-Peak전압을 10V, 주파수를 1㎑로 맞춘다. 이 때 펄스발생기의 Peak전압과 주파수를 오실로스코프로 측정하여 맞춘다.

7. 오실로스코프를 이용하여 그림 3의 입력전압 V_{in}과 출력전압 V_{out}을 정하여 표 3의 (a), (b)에 기록한다.

8. 그림 3의 다이오드의 방향과 배터리의 방향을 바꾸어 그림 4와 같이 접속한다. 역시 오실로스코프를 이용하여 그림 4의 V_{in}과 V_{out}을 측정하여 표 3의 (c), (d)에 기록한다.

실험 결과 보고서

평가	월	일
		(인)

실 험 일 자 : ______________ 학 과 : ______________

학 번 : (반, 번호) 공동 실험자 : ______________

이 름 : ______________ ______________

다이오드 리미터(클리퍼)

4 실험 결과 :

표 1. 직렬 리미터 클리퍼

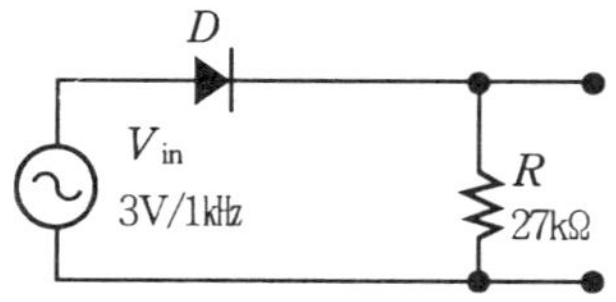 직렬 음의 리미터	(a)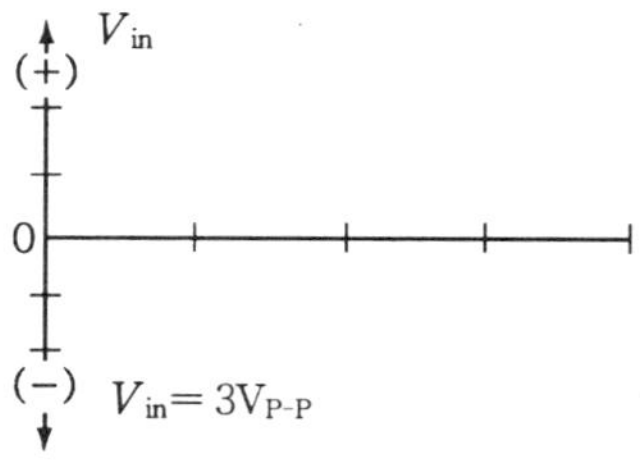	(b)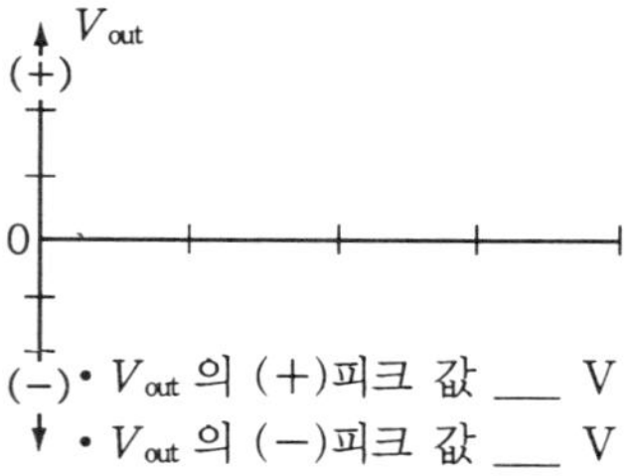 • V_{out} 의 (+)피크 값 ___ V • V_{out} 의 (−)피크 값 ___ V
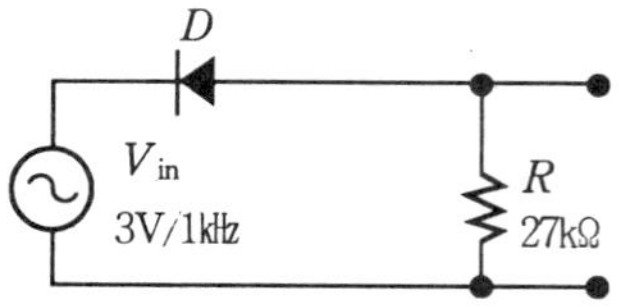 직렬 양의 리미터	(c)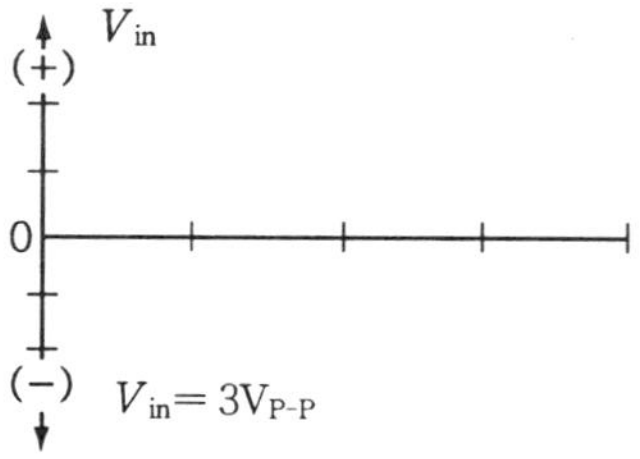	(d)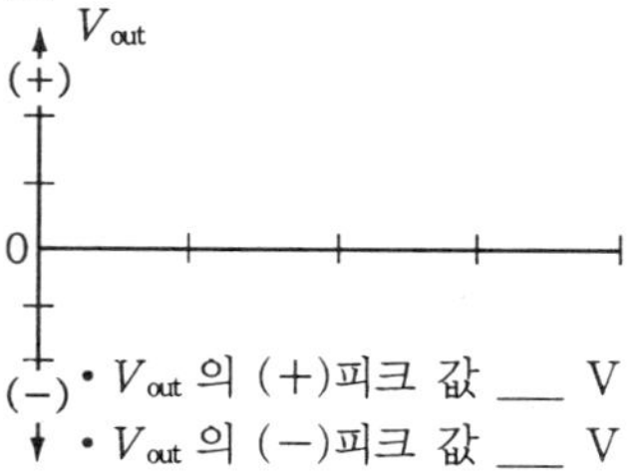 • V_{out} 의 (+)피크 값 ___ V • V_{out} 의 (−)피크 값 ___ V

표 2. 병렬 리미터

	(a)	(b)
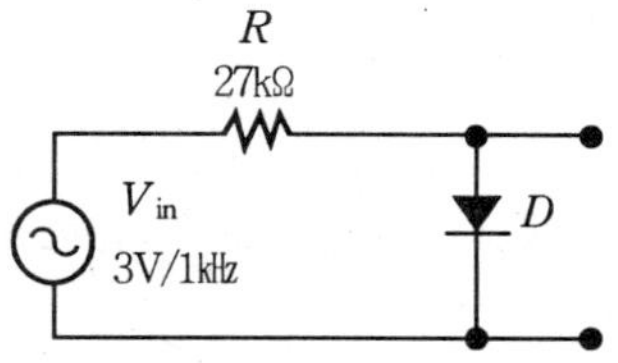 병렬 양의 리미터	(a) 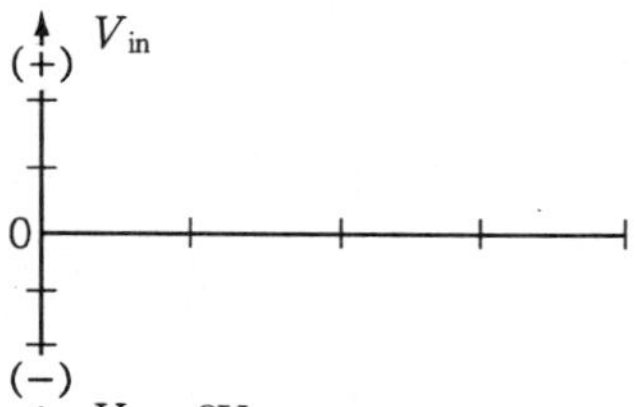 V_{in}= 3V_{P-P}	(b) 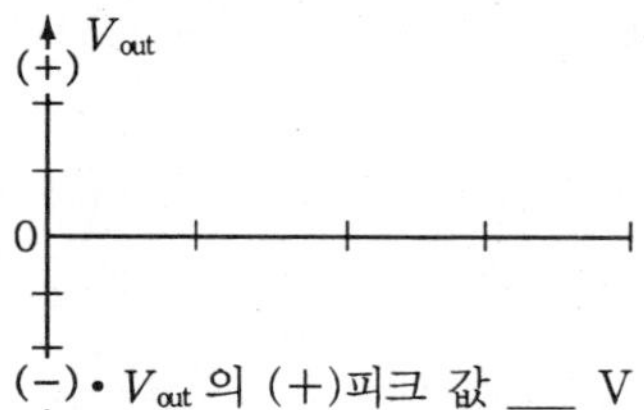 • V_{out} 의 (+)피크 값 ___ V • V_{out} 의 (−)피크 값 ___ V
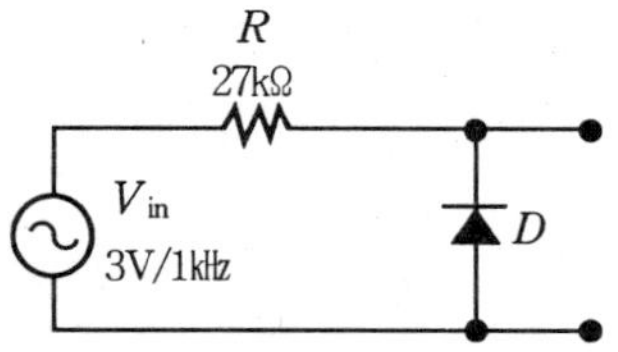 병렬 음의 리미터	(c) 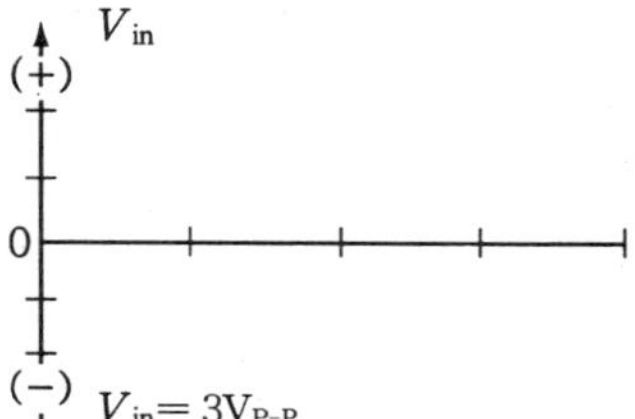 V_{in}= 3V_{P-P}	(d) 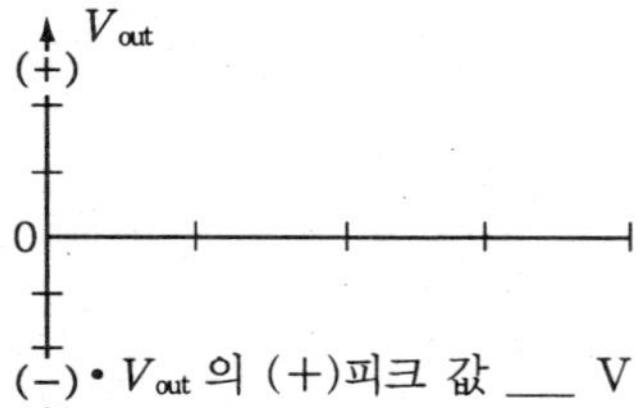 • V_{out} 의 (+)피크 값 ___ V • V_{out} 의 (−)피크 값 ___ V

표 3. 바이어스 리미터

	(a)	(b)
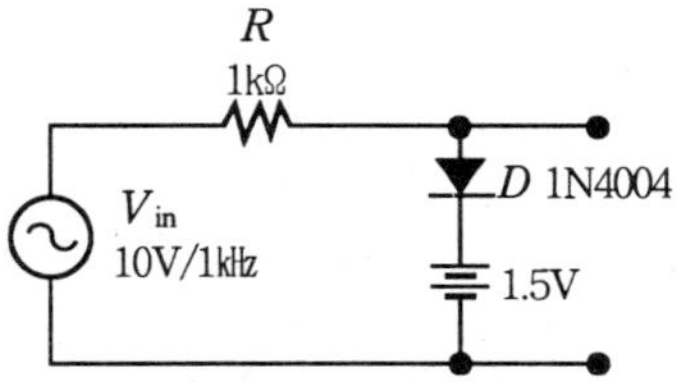 바이어스 양의 리미터	(a) 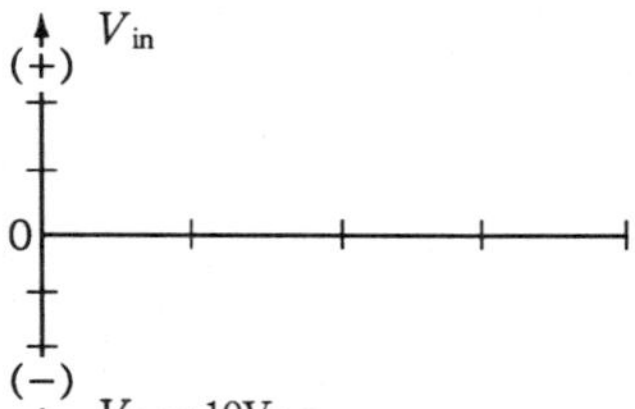 V_{in}= 10V_{P-P}	(b) 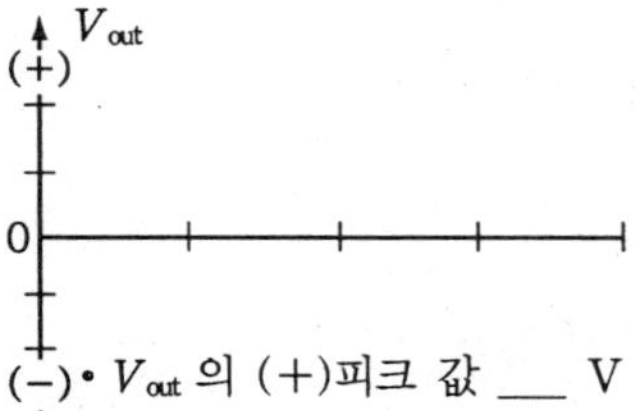 • V_{out} 의 (+)피크 값 ___ V • V_{out} 의 (−)피크 값 ___ V
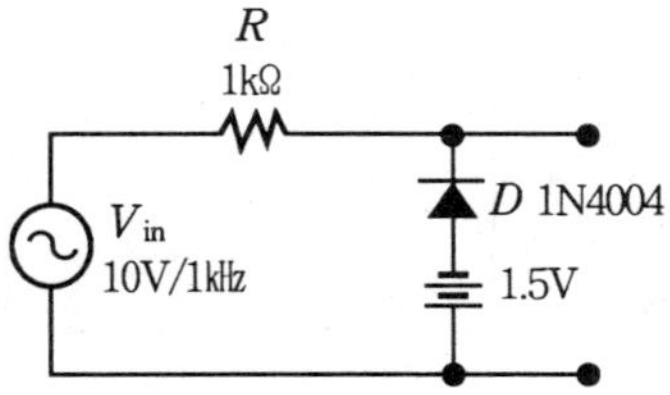 바이어스 음의 리미터	(c) 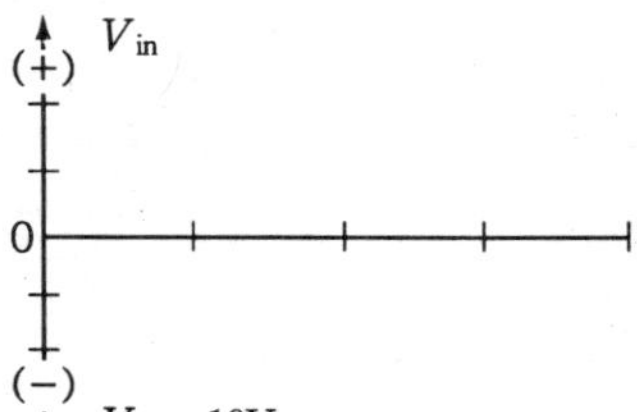 V_{in}= 10V_{P-P}	(d) 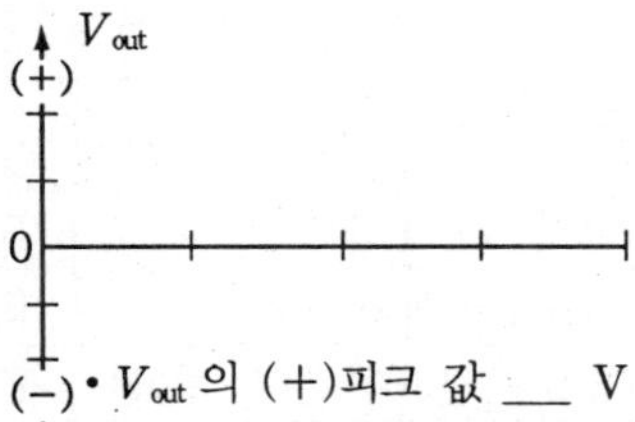 • V_{out} 의 (+)피크 값 ___ V • V_{out} 의 (−)피크 값 ___ V

5 고찰 사항 :

1. 직렬 리미터와 병렬 리미터의 차이점은 무엇인가?

2. 그림 3의 바이어스 리미터회로에서, 출력파형의 피크값과 바이어스전압 V와는 어떤 관계가 있는가?

3. 양의 리미터와 음의 리미터의 차이점은 무엇인가?

4. 다이오드의 오프셋전압이 리미터에 어떤 영향을 끼치는 지를 설명하여라.

평가기준 :

실험실습 내용					보고서 사항				
구분 \ 등급	A	B	C	D	구분 \ 등급	A	B	C	D
회로 조립상태	5	4	3	2	실험 예비 보고서	10	8	6	4
계측기 사용 태도	5	4	3	2	실험 결과 보고서	20	16	12	8
실험실습 결과의 정확성	15	12	9	6	고찰 사항	5	4	3	2
실험실습 결과의 분석·평가	15	12	9	6	실험관련 질의·응답	10	8	6	4
실험자세 및 정리정돈상태	10	8	6	4	기타 사항	5	4	3	2
소 계					소 계				
합 계									

실험 11

DC 클램퍼

실험 예비 보고서

학　　과 : ____________　　학　　번 : ____________

조/반 · 번호 : (　)조 / (　)반 (　) 번　　이　　름 : ____________

DC 클램퍼

1. 직류 클램핑회로의 기본 요소는 무엇인가?

____________ , ____________

2. 양의 직류 클램핑회로를 그리고 동작내용을 설명하여라.

3. 음의 직류 클램핑회로를 그리고 동작내용을 설명하여라.

4. 다음 그림에서 입력파형이 +12[V]~−12[V]일 때 출력파형을 나타내어라.
단, 다이오드의 오프셋전압은 무시한다.

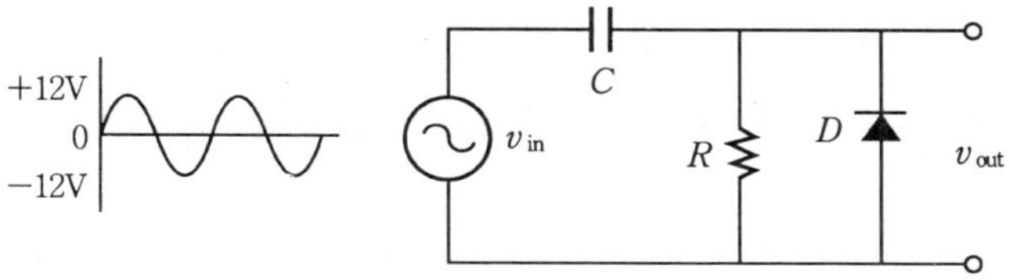

5. 위의 그림에서 다이오드 D의 방향을 바꾸어 접속하면 출력파형은 어떻게 변화하는 지를 설명하고 파형을 나타내어라.

6. 다음 회로에서 입력파형의 주파수는 60 Hz이다.
이 회로는 양의 클램퍼인가? 음의 클램퍼인가?
클램퍼로 동작하기 위한 시정수 RC의 크기는 얼마 이상이 되어야 하는가?

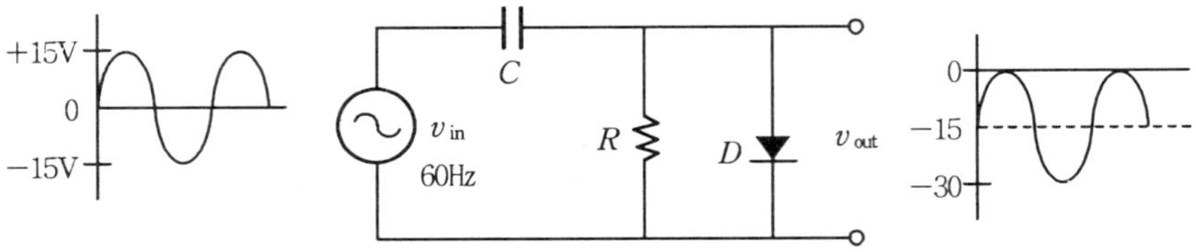

7. 다음 회로는 바이어스 음의 클램퍼이다.
입력신호의 피크값이 +10[V]~−10[V]일 때 출력파형을 나타내어라.

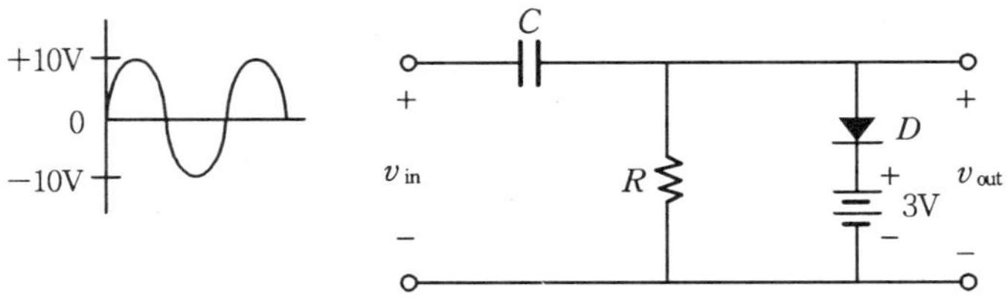

참고 문헌 :

1. 신인철 외 1인, "기초전자공학실험", 연학사, 1994, pp. 195~210
2. 이영근, "전자공학의 기초", 광림사, 1981, pp. 240~267
3. Robert boylestad, "Electronic Devices and Circuits, Prentice-Hall", 1978, pp. 44~46
4. Theodore, "EXPERIMENTS IN ELECTRONIC DEVICES AND CIRCUITS", Merill Co, 1986, pp. 208
5. 정현기, "디지탈 전자회로", 문운당, 1992, pp. 87~101
6. 조기선 외 4인, "대학 기초실험", 보문당, 1995, pp. 277~284

DC 클램퍼

1 실험 목적 :

• 수동소자와 다이오드를 이용하여 DC 클램퍼회로를 구성하고, DC 클램핑현상을 측정 고찰한다.

• 입력전압을 변화시켰을 때 DC 클램퍼의 출력전압의 변화가 어떻게 일어나는지를 확인한다.

2 사용기기 및 재료 :

□ 오실로스코프	1대
□ 저주파 신호발생기	1대
□ 다이오드 1N4004	1개
□ 저항 100 kΩ 1/2 W	1개
□ 커패시터 1 μF(25 V)	1개
□ 만능 보드	1개
□ ISPICE	1셋트

3 실험 순서 :

1. 그림 1과 같은 회로를 구성한다.

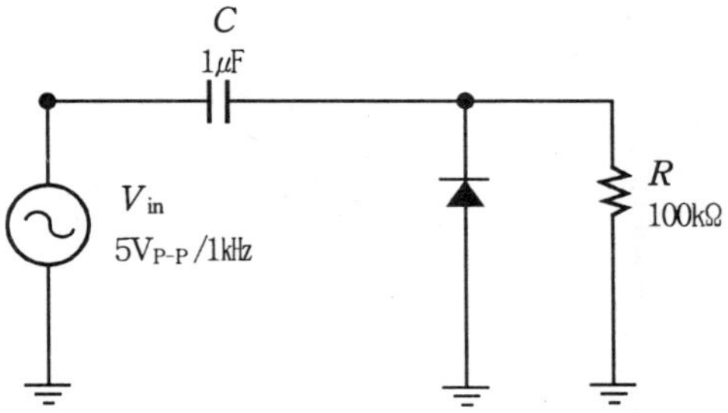

그림 1. DC 양(positive)의 클램퍼회로

2. 저주파 신호발생기를 정현파 모드로 전환시켜 주파수를 1kHz, 입력신호 V_{in}을 5 V_{P-P}로 조정한다. 이 값들은 반드시 오실로스코프로 측정한다.

3. 오실로스코프의 결합선택은 DC coupling에 놓고 측정해야 한다.

4. 그림 1의 입력신호 V_{in}과 출력신호 V_{out}을 표 1의 (a)에 각각 기록한다.

5. 입력신호 V_{in}의 Peak-Peak값을 1V로 하고 주파수를 1㎑로 했을 때 입력전압 V_{in}과 출력전압 V_{out}의 Peak-Peak를 표 1의 (b)에 각각 기록한다.

6. 마찬가지로 V_{in}의 Peak-Peak값을 0.1V로 주파수를 1㎑로 하여 입력신호 V_{in}와 출력신호의 Peak-Peak값을 표 1의 (c)에 각각 기록한다.

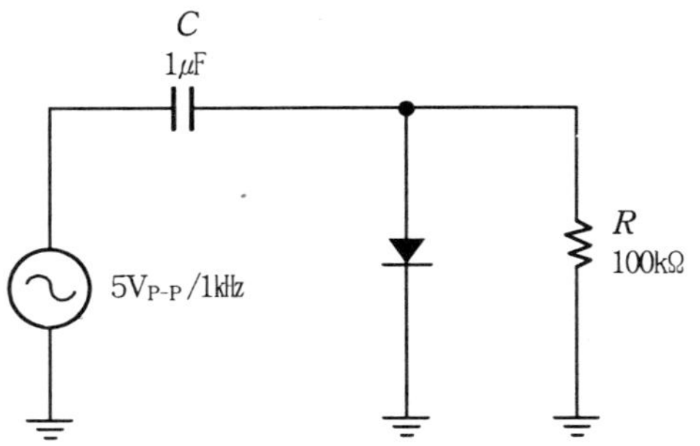

그림 2. DC 음(negative)의 클램퍼회로

7. 그림 1의 다이오드 방향을 바꾸어 그림 2와 같은 회로를 구성한다.

8. 입력신호 V_{in}의 주파수를 1㎑로, Peak-Peak를 5V, 1V, 0.1V로 했을 때, 입력신호 V_{in}의 Peak-Peak전압과 출력신호의 Peak-Peak전압 V_{out}을 오실로스코프로 측정하여 표 2의 (a), (b), (c)에 각각 기록한다.

실험 결과 보고서

평가	월	일
		(인)

실 험 일 자 : ______________ 학　　과 : ______________

학　　번 : (반, 번호) 공동 실험자 : ______________

이　　름 : ______________ ______________

DC 클램퍼

4 실험 결과 :

표 1. DC 음의 클램퍼 입출력파형

<table>
<tr>
<td rowspan="3">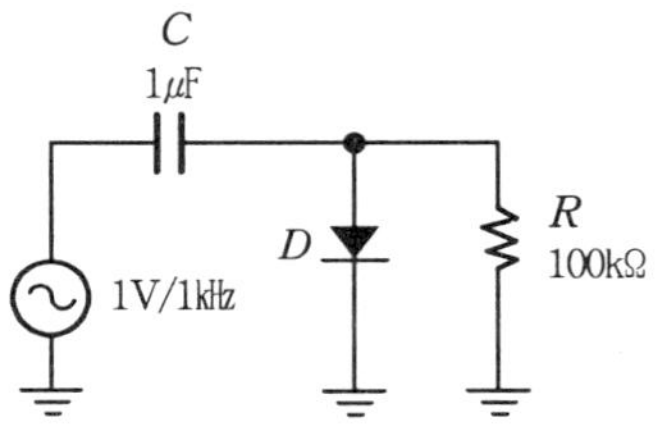
</td>
<td>(a) $V_{in} = 5V_{P-P}$
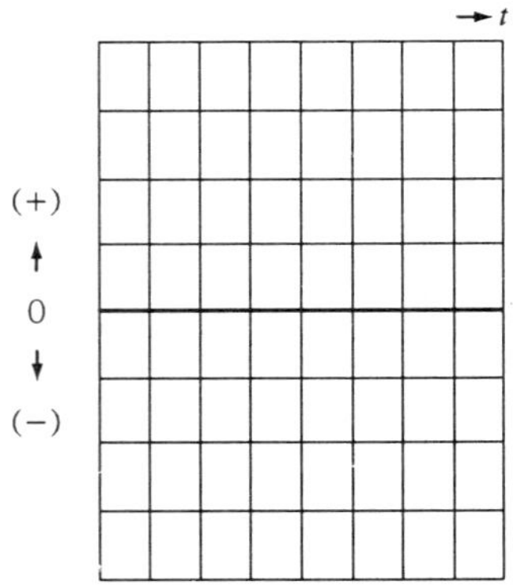
</td>
</tr>
<tr>
<td>(b) $V_{in} = 1V_{P-P}$
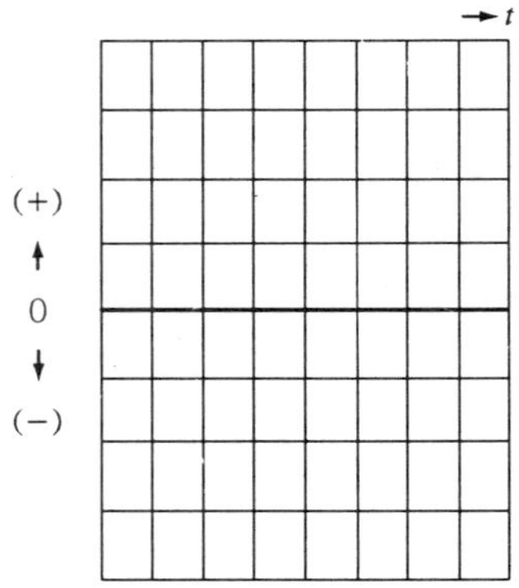
</td>
</tr>
<tr>
<td>(c) $V_{in} = 0.1V_{P-P}$
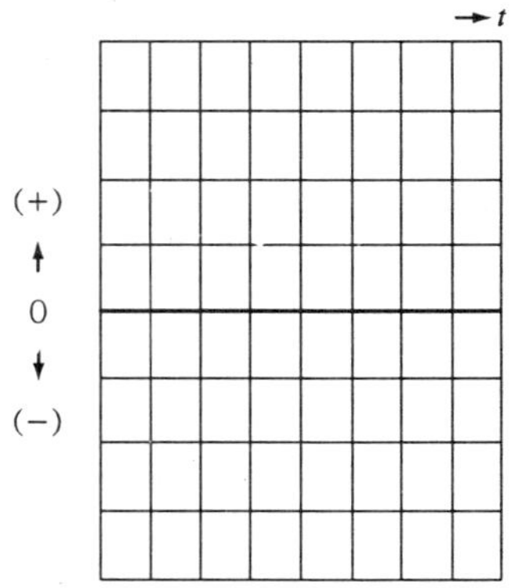
</td>
</tr>
</table>

표 2. DC 양의 클램퍼 입출력파형

<table>
<tr><td rowspan="3">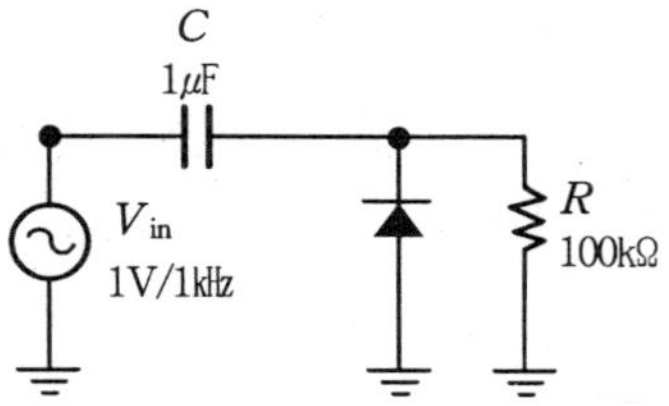
</td><td>(a) $V_{in} = 5V_{P-P}$
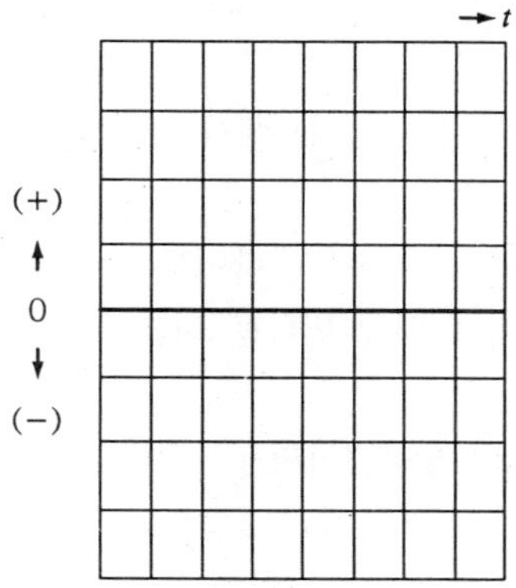
</td></tr>
<tr><td>(b) $V_{in} = 1V_{P-P}$
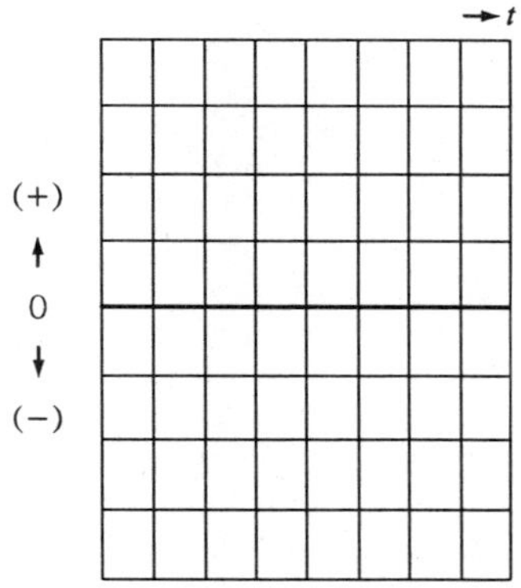
</td></tr>
<tr><td>(c) $V_{in} = 0.1V_{P-P}$
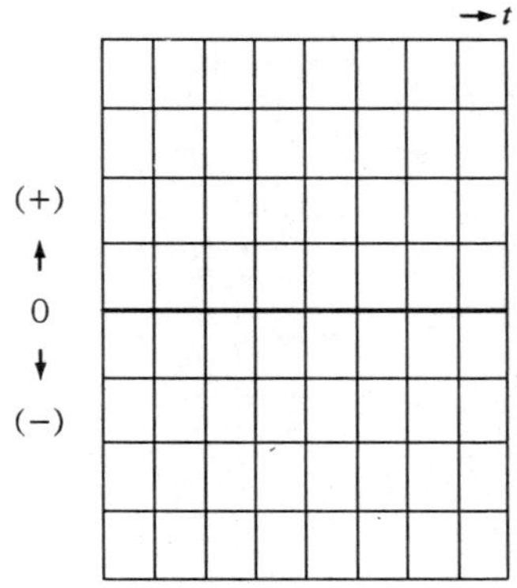
</td></tr>
</table>

5 고찰 사항 :

1. 표 1과 표 2의 (b) 그래프에서 출력전압은 몇 V 정도 클래핑 되었는가?

2. 표 1, 2의 (a) 그래프에서 다이오드의 오프셋전압은 몇 V인가?

3. 그림 2와 그림 3에서 다이오드의 애노드에 3V 건전지를 직렬로 삽입하여, 표 1, 표 2의 (a)의 그래프가 어떻게 변하는 지를 그래프로 나타내어라.

4. 표 1, 2의 입출력파형을 정현파에서 구형파로 바꾸어 실험하고 정현파의 결과와 비교하여라.

5. 표 1, 표 2의 $V_{in}=0, 1V_{P-P}$로 했을 때 입출력파형의 유사여부를 말하고, 유사하다면 그 이유는 무엇인가?

평가 기준 :

실험실습 내용					보고서 사항				
구분 \ 등급	A	B	C	D	구분 \ 등급	A	B	C	D
회로 조립상태	5	4	3	2	실험 예비 보고서	10	8	6	4
계측기 사용 태도	5	4	3	2	실험 결과 보고서	20	16	12	8
실험실습 결과의 정확성	15	12	9	6	고찰 사항	5	4	3	2
실험실습 결과의 분석 · 평가	15	12	9	6	실험관련 질의 · 응답	10	8	6	4
실험자세 및 정리정돈상태	10	8	6	4	기타 사항	5	4	3	2
소 계					소 계				
합 계									

실험 12

제너 다이오드

실험 예비 보고서

학　　과 : ____________________　　학　　번 : ____________________

조/반·번호 : ( )조 / ( )반 ( ) 번　　이　　름 : ____________________

제너 다이오드

1. 제너 다이오드를 전압조정기로 사용할 때 제너 다이오드는 전원에 대해 _____방향으로 바이어스되어야 한다.

2. 2W, 10V 제너 다이오드의 최대허용전류는 얼마인가?

3. 제너 다이오드의 출력전압이 10V±10%의 공차를 갖는다면 이 다이오드의 V_Z는 얼마인가?

4. 다음 그림에서 제너 다이오드의 제너저항이 7Ω이다. 근사해석법을 이용하여 전원전압이 20V~40V까지 변화할 때 제너전압 V_Z의 변화는 얼마인가?

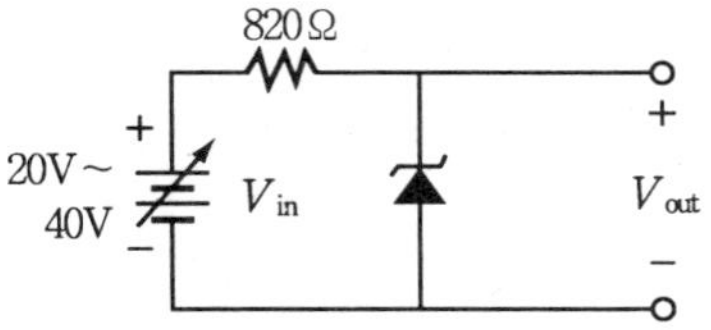

5. 12V의 제너전압과 18V의 전원전압, 그리고 100Ω의 직렬저항이 연결된 전압조정기가 있다. 제너 다이오드에 흐르는 전류는 대략 몇 mA인가?

6. 다음 그림에서 $V_S = 18\text{V}$, $V_Z = 10\text{V}$, $R_S = 270\,\Omega$, $R_L = 1\,\text{k}\Omega$이다. 제너 다이오드에 흐르

는 전류 I_Z를 구하라.

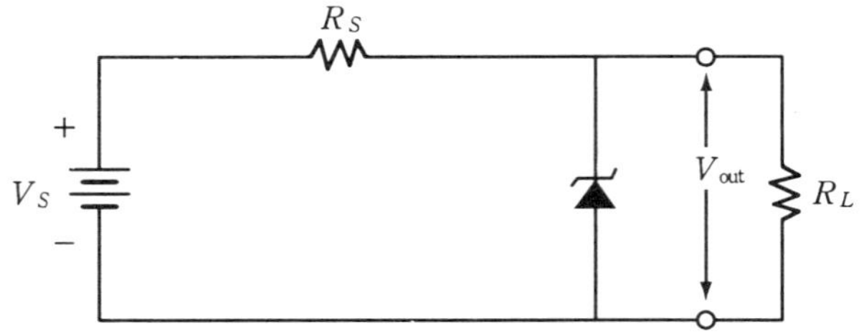

7. avalanche 항복과 zener 항복에 대해서 참고 문헌을 참고하여 각각 비교 설명하여라.

참고 문헌 :

1. Theodore, “EXPERIMENTS IN ELECTRONIC DEVICES AND CIRCUITS”, Merill Co, 1986, pp. 241~243
2. Robert boylestad, Electronic Devices and Circuits, Prentice-Hall, 1978, pp. 46~52
3. 신인철 외 3인, “대학전자회로실험”, 청문각, 1997, pp. 99~105
4. 임경택, “전자회로공학”, 형설, 1995, pp. 69~72
5. 김익수 외 1인, “전자공학”, 연학사, 1996, pp. 158~163
6. 조학현, “인반전자공학”, 삼원출판사, 1995, pp. 296~298

제너 다이오드

1 실험 목적 :

• 제너 다이오드의 순방향 및 역방향 바이어스에 대해서 살펴본다.

• 전압조정기(Voltage Regulator)로서의 제너 다이오드의 기능을 살펴보고 부하와 입력전압의 변화에 대해 일정한 출력전압이 유지되는지를 실험적으로 확인한다.

2 사용기기 및 재료 :

□ 직류전원장치	1대
□ 회로시험기/디지털 멀티미터(DMM)	1대
□ 직류전류계(0~100 mA)	1대
□ 제너 다이오드 1N753(1 W, 10 V)	1개
□ 저항 3.3 kΩ 1/2 W	1개
500 Ω 5 W	1개
□ 단극스위치(SPST)	1개
□ 만능 보드	1개

3 실험 순서 :

(1) 역방향 바이어스

1. 그림 1과 같은 회로를 접속한다. 스위치 S를 개방하고 직류전원장치의 전압 V_S를 0[V]로 설정한다.

2. 스위치 S를 닫고 제너 다이오드에 흐르는 전류를 직류전류계로 측정하여 표 1에 기록한다.

3. 제너 다이오드 양단에 걸리는 전압 V_{AB}가 6[V]가 되도록 V_S를 조정하고, 그 때 흐르는 전류를 측정하여 표 1에 기록한다.

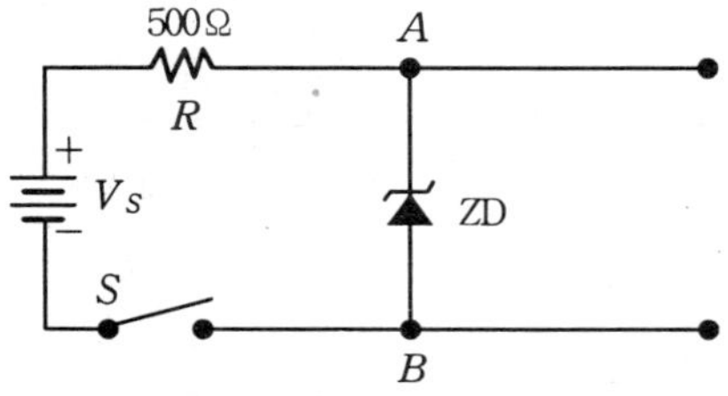

그림 1. 제너 다이오드의 역방향 바이어스회로

4. 표 1에 지시한 V_{AB}의 값들을 조정하고, 실험 순서 3을 반복 실험하여 표 1에 기록한다.

5. 제너 다이오드저항 $R_Z = \dfrac{V_{AB}}{I}$을 계산하고 표 1에 기록한다.

6. 직류전원장치의 전압 V_S를 조정하여 제너 다이오드양단의 전압 V_{AB}를 표 1과 같이 각각 조정한다. R_Z을 계산하여 표 1에 기록한다.

7. 표 1에 지시한 전류값에 대해 실험 순서 6을 반복한다.

(2) 순방향 바이어스

8. 스위치 S를 개방하고 V_S를 0[V]로 조정한 후 제너 다이오드의 방향을 바꾸어 연결한다.

9. 스위치 S를 닫고 표 2의 각 V_{AB}값에 대해 측정하여 그 결과를 표 2에 기록한다($R_F = \frac{V_{AB}}{I}$).

10. 실험이 끝난 후 표 1과 표 2의 결과를 이용하여 제너 다이오드의 전압과 전류의 특성 그래프 [X축–전압(V), Y축–전류(I)]를 표 3에 기록한다.

(3) 전압조정기로서의 제너 다이오드

11. 그림 2와 같은 회로를 접속한다.

12. 스위치 S는 개방하고 직류전원장치의 전압 V_S를 0[V]로 맞춘다.

13. 스위치 S를 닫고 제너 다이오드의 전류 I_Z가 20mA가 되도록 V_S를 증가시킨다.

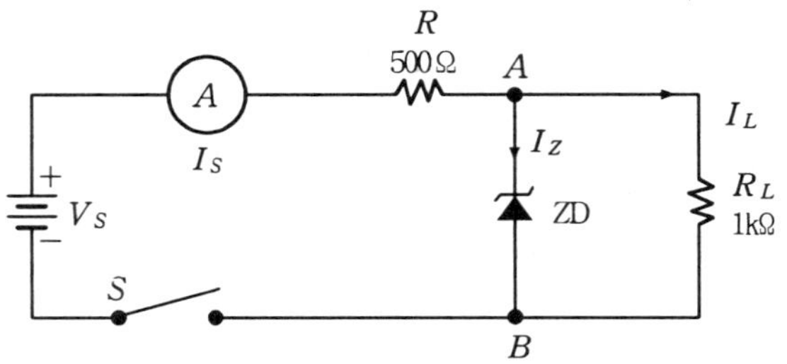

그림 2. 전압조정기회로

14. 직류전원장치의 전압 V_S와 부하저항 R_L양단의 전압 V_{AB}를 각각 회로시험기로 측정하여 표 4에 기록한다. 또한 직류전류계 A를 그림 2와 같이 연결하여 전체전류 I_S를 측정하고 표 4에 기록한다.

15. 실험 순서 14에서 얻은 V_{AB}값의 $\pm 0.5\mathrm{V}$ 내에서 V_{AB}가 일정하게 유지되는 V_S의 변화를 결정하고 표 4에 기록한다.

16. 직류전류계 A로 제너 다이오드에 흐르는 전류 I_Z와 전체 전류 I_S를 각각 측정하고 표 4에 기록한다. 이 때 부하저항 R_L에 흐르는 전류 I_L은 $I_L = I_S - I_Z$의 식을 이용하여 계산하고 역시 표 4에 기록한다.

실험 결과 보고서

평가	월	일
		(인)

실 험 일 자 : ____________ 학 과 : ____________

학 번 : (반, 번호) 공동 실험자 : ____________

이 름 : ____________ ____________

제너 다이오드

4 실험 결과 :

표 1. 역방향 바이어스

V_{AB}[V]	I [mA]	R_Z[Ω]	V_{AB}[V]	I[mA]	R_Z[Ω]
0			6.25		
6.0			6.3		
6.1			6.35		
6.15					
6.18					
6.2					

표 2. 순방향 바이어스

V_{AB}[V]	0	0.1	0.2	0.3	0.4	0.5	0.55	0.6	0.65	0.7	0.8
I[mA]											
R_Z[Ω]											

표 3

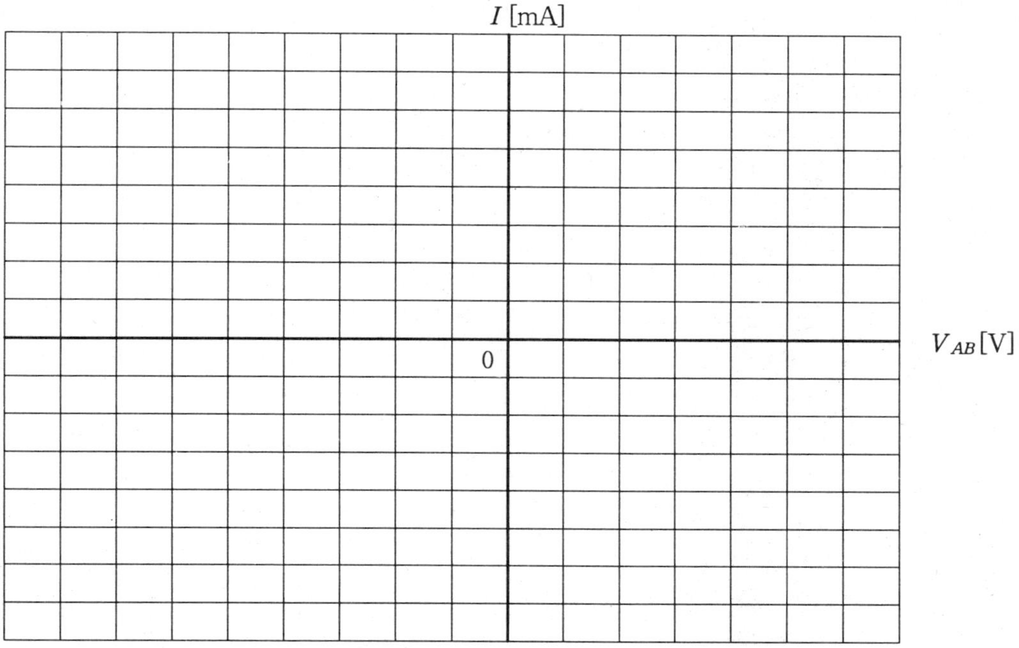

표 4. 전압조정기

	V_{AB}[V]	I_Z[mA]	I_S[mA]	V_S[V]
V_{AB}				
$V_{AB}+0.5$				
$V_{AB}-0.5$				

5 고찰 사항 :

1. 제너 다이오드의 바이어스방법과 접합 다이오드의 바이어스방법을 비교하여 설명하여라.

2. 전압조정기로 이용되는 제너 다이오드의 특성은 제너 다이오드의 $I-V$ 그래프에서 어느 부분인가? 표 1, 2, 3의 결과를 참고하여라.

3. 그림 2의 전압조정기회로에서 제너 다이오드의 소비전력은 얼마인가?
   참고 : $W_Z = I_Z \cdot V_Z$
   I_Z은 제너전류의 최대치를 의미한다.

4. 제너 다이오드의 데이터 시트를 참고하여 제너 다이오드의 정격을 기록하여라.

- 제너전압
- V_Z의 허용 범위
- 제너전류의 한계
- 최대소비전력
- 최대동작온도

평가 기준 :

실험실습 내용					보고서 사항				
등 급 / 구 분	A	B	C	D	등 급 / 구 분	A	B	C	D
회로 조립상태	5	4	3	2	실험 예비 보고서	10	8	6	4
계측기 사용 태도	5	4	3	2	실험 결과 보고서	20	16	12	8
실험실습 결과의 정확성	15	12	9	6	고찰 사항	5	4	3	2
실험실습 결과의 분석·평가	15	12	9	6	실험관련 질의·응답	10	8	6	4
실험자세 및 정리정돈상태	10	8	6	4	기타 사항	5	4	3	2
소 계					소 계				
합 계									

실험 13

CE증폭기의 바이어스 안정화

실험 예비 보고서

학　　과 : ____________________　　　학　　번 : ____________________

조/반 · 번호 : (　)조 / (　)반 (　) 번　　　이　　름 : ____________________

CE증폭기의 바이어스 안정화

1. CE증폭기의 직류 바이어스회로의 종류를 열거하여라.

2. 교류신호증폭기에 직류 바이어스가 필요한 이유는 무엇인가?

3. 다음 회로는 베이스 바이어스회로이다. 이 회로는 I_B, I_C, V_{CE}를 각각 구하라.

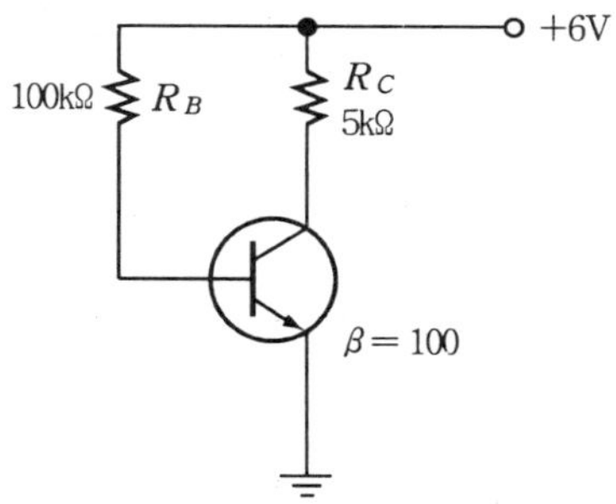

$I_B =$ ____________________ [A]

$I_C =$ ____________________ [A]

$V_{CE} =$ ____________________ [V]

4. 다음 회로는 전압분배 바이어스회로이다. 이 회로는 I_E, V_C, V_E, V_{CE}를 각각 구하라.

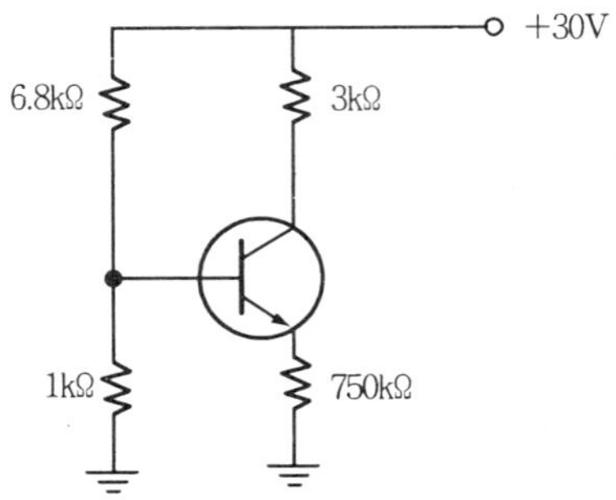

I_E =________________[A]
V_C =________________[V]
V_E =________________[V]
V_{CE} =________________[V]

5. 전압분배 바이어스가 증폭기회로의 바이어스방법 중에서 많이 이용되는 이유를 설명하여라.

6. 베이스 바이어스(고정 바이어스)의 용도는 스위칭 소자에 이용되는가? 증폭회로에 이용되는가?

7. CE증폭기의 베이스에서 측정한 교류신호전압의 피크-피크값이 20 mV이고, 컬렉터에서 측정한 교류신호전압의 피크-피크값이 5 V이면 이 CE증폭기의 전압이득 A는 얼마인가?

8. 교류신호증폭기의 이미터는 측로 커패시터(bypass capacitor)가 연결되어 있다. 이 측로 커패시터의 역할은 무엇인가?

참고 문헌 :

1. 임겨택, “전자회로 공학”, 형설출판사, 1995, pp.129~134
2. 신인철 외 3인, “대학전자회로실험”, 청문각, 1997, pp. 131~141
3. 신인철 외 1인, “기초전자공학실험”, 연학사, 1994, pp. 251~253
4. 이영근, “전자공학의 기초”, 광림사, 1981, pp. 296~301
5. Robert boylestad 외 1인, “Electronics Device and Circuit”, Prentice-Hall, 1978, pp.161~162
6. 이우형, “전자회로 실습”, 문운당, 1997, pp. 346~354
7. 전자회로연구회, “아날로그회로(1)”, 대광서림, 1996, pp. 36~50

주의 사항 :

1. 트랜지스터의 베이스에 흐르는 전류는 미세하므로 VOM보다는 정밀등급의 DMM 등으로 측정하여 실험 결과를 얻도록 한다.

2. 트랜지스터 E.C.B의 단자를 정확하게 구분하여 실험에 임하도록 하고, 과열시키거나 부주의하여 파손되지 않도록 주의를 기울인다.

3. 오실로스코프의 사용법을 완전하게 숙지하여 파형관측에 지장이 없도록 해야 한다. 사용법을 잘 모르면 오실로스코프의 사용법을 이해한 후 실험에 임한다.

4. 직류전원장치에 부착되어 있는 전압계와 전류계를 사용하지 말고 DMM이나 VOM을 이용하여 전압이나 전류를 측정하도록 한다.

CE증폭기의 바이어스 안정화

1 실험 목적 :

- 트랜지스터증폭기의 각종 바이어스 방법을 살펴보고, 전압분배 바이어스를 이용한 CE증폭기의 특성을 이해한다.

- CE증폭기를 구성하여 전압이득을 측정한다.

- 이미터 바이패스(Emitter bypass) 콘덴서의 유·무에 따른 CE증폭기의 영향을 관찰한다.

- 직류 바이어스 안정화를 꾀하지 않았을 때 트랜지스터의 동작이 온도에 따라 변화한다는 것을 관찰한다.

2 사용기기 및 재료 :

□ 직류전원장치(dual type DC 0~30 V)	1대
□ 오실로스코프	1대
□ 저주파 신호발생기	1대

- □ DMM/VOM 1대
- □ 트랜지스터 2SC1815 1대
- □ 저항 1.2 kΩ 1/2 W 1개
  - 1.5 kΩ 1/2 W 1개
  - 120 kΩ 1/2 W 1개
  - 10 kΩ 1/2 W 1개
- □ 커패시터 22 μF 50 V 2개
  - 47 μF 50 V 1개
- □ 백열구 120 V 60 W (소켓 부착) 1개
- □ 단극 스위치 SPST 1개
- □ 만능 보드 1개

3 실험 순서 :

(1) 컬렉터 귀환 바이어스회로

1. 그림 1과 같은 CE증폭기회로를 구성한다.

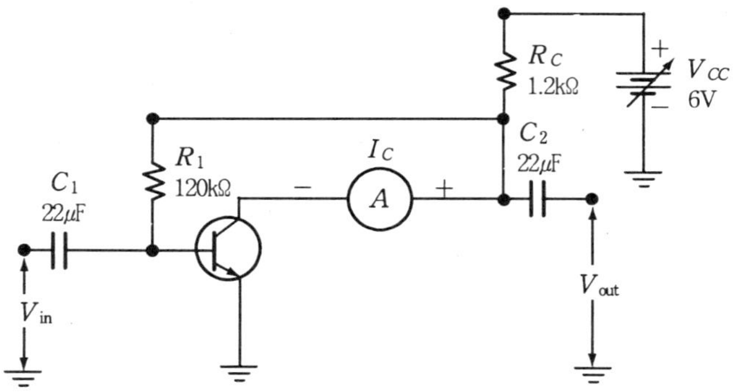

그림 1. 컬렉터 귀환 바이어스의 CE증폭기회로

2. V_{CC}를 직류전원 장치의 다이얼을 조절하여 6 V로 맞춘다. 컬렉터에 흐르는 전류 I_C를 측정하고, DMM이나 VOM으로 베이스-이미터 간의 전압 V_{BE}와 컬렉터-이미터 간의 전압 V_{CE}를 측정하여 표 1에 기록한다.
이 때 측정된 V_{CE}값이 거의 변화가 없거나 0 V가 되면 R_1를 다른 값으로 바꾸어 3~4 V가 되도록 한다.

3. 저주파 신호발생기를 입력신호 V_{in} 양단에 연결하고, 주파수를 1㎑로 맞춘다. 오실로스코프의 CH_1을 입력단에 CH_2를 출력단에 각각 연결하고 입력신호의 주파수가 1㎑가 되는 지 오실로스코프의 CH_1로 확인한다.

4. 출력신호의 파형이 적당하게 보이도록 오실로스코프를 조정하여 일그러짐이 없는 최대출력전압이 나오도록 저주파 신호발생기를 출력레벨을 증가시킨다. 오실로스코프의 $CH_{1,2}$에 나타나는 입출력신호의 피크-피크파형을 표 1에 그린다. 또한 I_C, V_{BE}, V_{CE}, $V_{out(p-p)}$를 각각 측정하여 표 1에 기록한다.

5. 60 W 백열전등을 트랜지스터에 근접시켜 오실로스코프의 출력파형이 변할 때까지 가열한다. 출력전압의 파형이 변하면 즉시 그 피크-피크값과 파형을 표 1에 그린다. 동시에 I_C, V_{BE}, V_{CE}, $V_{out(p-p)}$를 측정하여 역시 표 1에 기록한다.

(2) 전압분배 바이어스 회로

6. 직류전원장치를 끄고, 그림 2와 같은 전압분배 바이어스회로를 구성한다.

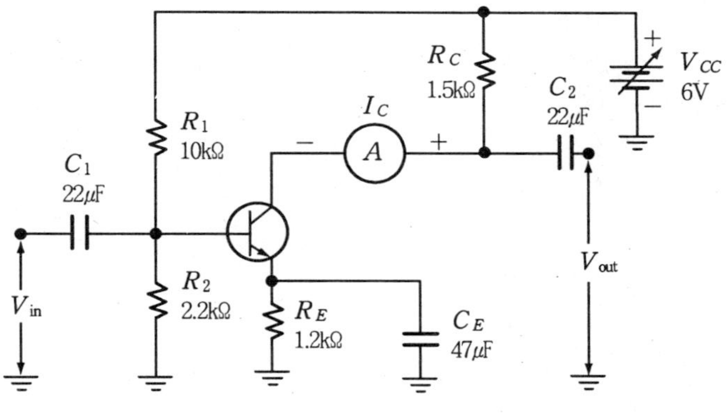

그림 2. 전압분배 바이어스의 CE증폭기회로

7. 직류전원장치의 다이얼을 돌려 V_{CC}를 6 V로 조정한다. DMM이나 VOM 등을 사용하여 I_C, V_{BE}, V_{CE}를 측정하여 표 2에 기록한다.

8. 입력단 V_{in}에 저주파 신호발생기를 연결하여 주파수를 1 kHz로 맞추고, 출력레벨을 너무 크지 않게 적당히 조정한다. 오실로스코프의 CH_1을 입력단자 V_{in}에, CH_2를 출력단자 V_{out}에 각각 연결하고 입력신호의 주파수가 1 kHz가 되는지 오실로스코프의 CH_1로 확인한다.

9. 출력신호의 파형이 적당하게 보이도록 오실로스코프의 조절기들을 조정하고 일그러짐이 없는 최대 출력전압이 나오도록 저주파 신호발생기의 출력레벨을 증가시킨다. 이 때 오실로스코프의 CH_1, CH_2에 나타나는 V_{in}과 V_{out}의 피크-피크파형을 표 2에 그리고, I_C, V_{BE}, V_{CE} 그리고 $V_{out(P-P)}$를 각각 측정하여 표 2에 기록한다.

(3) 이미터 바이패스 콘덴서 C_E의 영향

10. 그림 2의 V_{out} 양단에 연결된 오실로스코프의 CH_2의 파형을 보면서, 이 V_{out}이 일그러짐이 없는 증폭기의 최대 출력전압(실험 9의 V_{out})의 약 50 %가 되도록 저주파 신호발생기의 출력 레벨을 조정한다.

11. 이 때 $V_{\in}$(베이스-접지)과 V_{out}(컬렉터-접지)의 $P-P$ 전압을 오실로스코프의 CH_1, CH_2로 각각 측정하여 표 3에 기록하고, CH_2의 프로우브를 컬렉터에 떼어 이미터에 연결한다. 이 이미터와 접지간의 $P-P$ 교류신호전압을 관측하여 표 3에 기록한다.

12. 접지에 대한 베이스 컬렉터 이미터 간의 교류신호를 스코프에서 관측하여 파형을 표 3에 기록한다. 이 증폭기의 교류전압이득 V_{out}/V_{in}을 계산하여 역시 표 3에 기록한다.

13. 저주파신호발생기의 출력 레벨을 그대로 두고 그림 2의 회로에서 C_E콘덴서를 제거하여 실험 순서 11, 12를 반복한다.

실험 결과 보고서

평가	월	일
		(인)

실 험 일 자 : ______________ 학 과 : ______________

학 번 : (반, 번호) 공동 실험자 : ______________

이 름 : ______________ ______________

CE증폭기의 바이어스 안정화

4 실험 결과 :

(1) 컬렉터 귀환 바이어스회로

1. 실험 순서 2~5에 따라 I_C, V_{BE}, V_{CE} 그리고, V_{in}과 V_{out}의 $P-P$를 구하고 파형을 관측하여 표 1에 기록한다.

표 1. 컬렉터 귀환 바이어스회로

실험 순서	전류 I_C [mA]	전압[V] V_{BE}	V_{CE}	입출력 파형 V_{in}	V_{P-P} [V]	V_{out}	V_{P-P} [V]	오실로스코프 수직감쇠기레벨
2								
4								VOLTS/DIV: CH_1 ______ CH_2 ______
5								VOLTS/DIV: CH_1 ______ CH_2 ______

(2) 전압분배 바이어스

2. 실험 순서 7~9에 따른 I_C, V_{BE}, V_{CE} 그리고, V_{in}, V_{out}의 $P-P$를 구하고 파형을 관측하여 표 2에 기록한다.

표 2. 전압분배 바이어스회로

실험 순서	전류	전압[V]		입출력 파형				오실로스코프 수직감쇠기레벨
	I_C [mA]	V_{BE}	V_{CE}	V_{in}	V_{P-P} [V]	V_{out}	V_{P-P} [V]	
7								
9								VOLTS/DIV: CH_1____ CH_2____

(3) CE의 영향

3. 실험 순서 10~13에 의한 실험 결과를 표 3에 기록한다.

표 3. C_E의 영향

실험 순서	파 형(접지에 대한)							오실로스코프의 수직감쇠기레벨
	베이스	V_{P-P} [V]	컬렉터	V_{P-P} [V]	이미터	V_{P-P} [V]	전압 이득	
11 12								VOLTS/DIV: CH_1____ CH_2____
13								

5 고찰 사항 :

1. 표 1과 표 2의 실험 결과로부터 컬렉터 귀환 바이어스와 전압분배 바이어스의 차이는 무엇이며, 왜 전압분배 바이어스를 사용하는 이유를 설명하여라.

2. 실험 순서 5에서 TR에 열을 가할 때 동작이 어떤 변화를 일으키는 지를 설명하여라.

3. 증폭기의 온도 변화로 인한 전압이득의 변화를 방지하기 위해서 이미터에 저항을 삽입한다. 이 저항을 무슨 저항이라고 부르는가? 또한, 온도 변화에 무관한 전압이득을 얻는 방법을 설명하여라.

4. 이미터 바이패스 C_E의 역할은 무엇인가?

5. 실험 결과의 표 3으로부터 C_E의 유무에 따른 전압이득이 어떻게 변화되는 지를 설명하고 콘덴서 C_E의 삽입에 따른 특징을 설명하여라.

평가기준 :

실험실습 내용					보고서 사항				
구분 \ 등급	A	B	C	D	구분 \ 등급	A	B	C	D
회로 조립상태	5	4	3	2	실험 예비 보고서	10	8	6	4
계측기 사용 태도	5	4	3	2	실험 결과 보고서	20	16	12	8
실험실습 결과의 정확성	15	12	9	6	고찰 사항	5	4	3	2
실험실습 결과의 분석·평가	15	12	9	6	실험관련 질의·응답	10	8	6	4
실험자세 및 정리정돈상태	10	8	6	4	기타 사항	5	4	3	2
소 계					소 계				
합 계									

실험 14

연산증폭기(OP Amp)

(반전, 비반전, 전압 폴로어, 가산증폭기)

실험 예비 보고서

학 과 : ____________ 학 번 : ____________

조/반 · 번호 : ( )조 / ( )반 ( ) 번 이 름 : ____________

연산증폭기(OP Amp) 반전, 비반전, 전압 폴로어, 가산증폭기

1. 입력주파수가 증가할 때 OP Amp의 개방루프이득 A_{OL}은 증가, 감소 하는가?

2. 부귀환시켰을 때 입력 임피던서는 증가, 감소 하는가?

3. OP Amp를 부귀환시켰을 때의 장 · 단점을 열거하여라.

4. 다음 그림의 비반전 전압증폭기회로에서 폐루프전압이득과 출력전압은 각각 얼마인가?

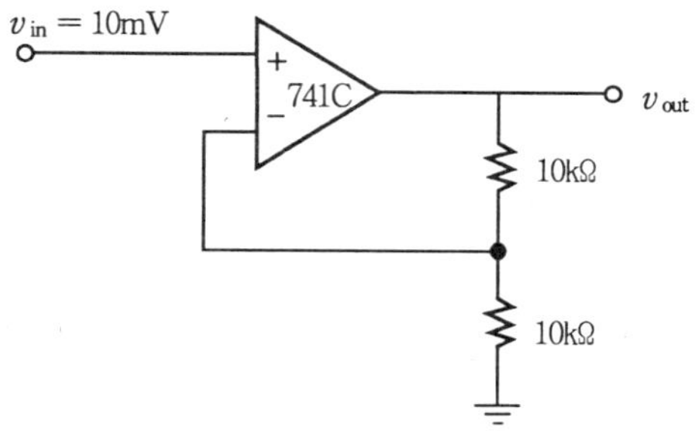

A_{CL} = ____________

V_{out} = ____________[V]

5. 다음의 회로는 ______________ 증폭기로서 폐루프전압이득과 출력전압을 각각 계산하여라.

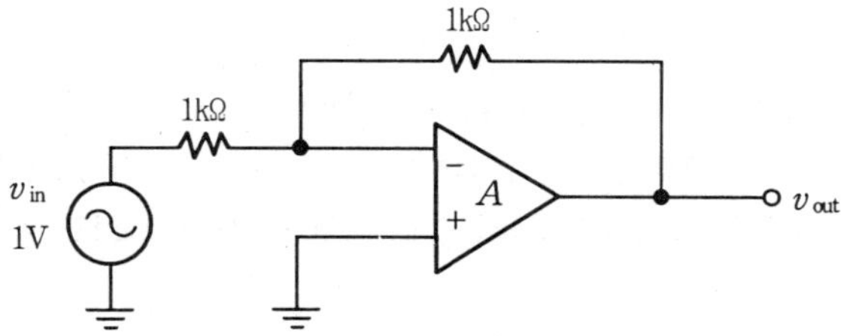

A_{CL} = ______________

V_{out} = ______________[V]

6. 741C OP Amp의 개방된 상태에서 입력 임피던스, 출력 임피던스, 전압이득 출력전류는 각각 얼마인가?

r_{in} = ______________[MΩ]

r_{out} = ______________[Ω]

A_{OL} = ______________

I_{out} = ______________[mA]

7. 다음 용어를 설명하여라.
   ① 가상접지(virtual ground)
   ② 회전율(slew rate)
   ③ 단위이득주파수(f_{unity})

8. OP Amp를 이용하여 전압 플로어회로의 특징을 설명하여라.

9. 다음 OP Amp회로의 출력전압은 얼마인가?

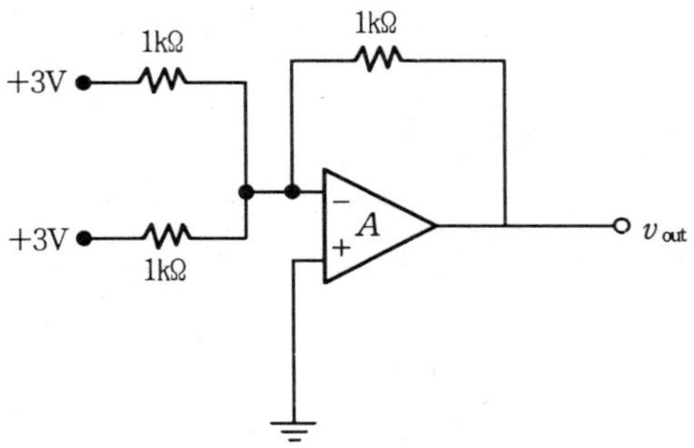

V_{out} = ______________[V]

참고 문헌 :

1. 임경택, "전자회로공학", 형설출판사, 95. 2. 28, pp. 494~496
2. 신인철 외 3인, "대학전자회로실험", 청문각, 97. 2. 27, pp. 303~307
3. 김익수 외 1인, "전자공학", 연학사, 96. 7. 20, pp. 325~334
4. Theodore, "EXPERIMENTS IN ELECTRONIC DEVICES AND CIRCUITS", Merrill, 1986, pp. 54~68, 81~85
5. Robert boylestad, "Exectronics Device and Circuit", Prentice-Hall, 1978, pp. 501~511
6. 장학신 외 4인, "전자회로", 광문각, 1992, pp. 524~555
7. 진경수 외 1인, "전기전자회로 시뮬레이션", 명성출판사, 1997, pp. 231~235

주의 사항 :

1. 실험의 대부분의 오류는 전원전압의 접지문제와 점퍼선의 미접촉, 그리고 오실로스코프의 미숙한 조작 등에 의해서 발생하므로 사전에 충분한 검토가 이루어져야 한다.

2. 전해콘덴서의 극성에 유의하여 회로에 접속시키도록 한다.

3. 회로 결선시에는 반드시 전원을 차단한 후 결선에 임하도록 한다.

연산증폭기(OP Amp)

1 실험 목적 :

- 반전 연산증폭기(반전, 비반전증폭기 전압 플로어 가산 증폭기)회로를 구성하여 실험적으로 확인한다.

- 비반전 연산 증폭기회를 구성하여 실험적으로 확인한다.

- 전압 플로어에 대한 기능과 회로를 이해하여 실험적으로 확인한다.

- 가산증폭기회로를 구성하여 실험적으로 확인한다.

2 사용기기 및 재료 :

□ 오실로스코프(dual)	1대
□ 직류전원공급장치(dual) 0~30 V	1대
□ 직류전원공급장치(DC 0~15 V)	1대
□ 신호발생기	1대
□ 회로시험기	1대
□ 연산증폭기 741	1대
□ 저항 1.0 kΩ	2개
2.2 kΩ	1개
4.7 kΩ	1개
10 kΩ	1개
120 kΩ	3개
□ 만능 보드	3개
□ 건전지 DM 1.5 V	2개
□ 건전지 홀더(DM)	2개
□ 연산증폭회로 실험장치	1대

3 실험 순서 :

(1) 반전 증폭기

1. 반전 증폭기로 사용된 연산증폭기를 실험하기 위해 그림 1과 같은 회로를 구성한다. 여기서 작은 숫자들은 I_C의 핀(pin)번호에 해당하며, 이 번호는 I_C의 데이터시트에 나타나 있다.

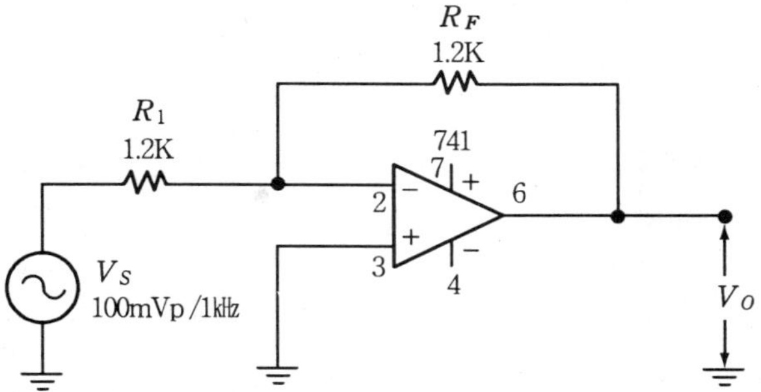

그림 1. 반전증폭기회로

2. 신호 발생기의 모드를 정현파로 바꾸고 듀얼-트레이스 오실로스코프(dual-trace oscilloscope)의 CH_1, CH_2를 정현파 입력 V_S와 출력 V_O를 관찰하기 위해 각각 연결한다. 1㎑의 $V_S=$ 100 mV_{peak}에서, 표 1에 열거된 각각의 R_F값(1㏀, 2.2㏀, 4.7㏀, 10㏀, 100㏀)에 대한 출력전압 V_O와 입력 V_S에 대한 출력 V_O의 위상각, 그리고 입·출력파형을 오실로스코프로 측정하여 표 1에 각각 기록한다(입력은 흑색, 출력은 적색으로 표시한다).
   또한 오실로스코프에서 관측된 전압이득($A_V=V_O/V_S$)과 계산값에 의한 전압이득($-R_F/R_1$)을 표 2 (a)에 기록하고 서로 비교한다.

3. 반전증폭기가 직류증폭기(dc amplifier)라는 것을 입증하기 위해서, 신호발생기(signal generator)대신 직류전원공급장치를 연결한다.
   $R_F=22$㏀, 4.7㏀, 10㏀이고 $V_S=1.5V_{DC}$일 때 출력전압 V_O를 회로시험기로 측정하고 표 2 (b)에 기록한다.

(2) 비반전증폭기

4. 비반전증폭기로 사용된 연산증폭기를 실험하기 위해 그림 2의 회로를 구성한다.

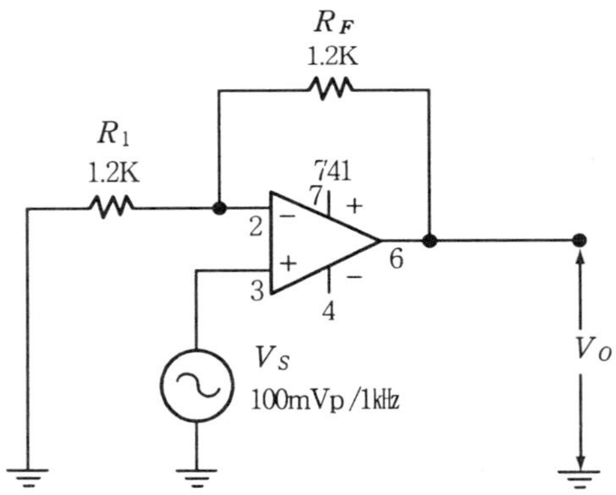

그림 2. 비반전증폭기회로

5. 신호발생기(100 mV_{peak}, 1㎑)를 다시 연결하고 모드를 정현파로 바꾼다. 정현파 입력신호 V_S와 출력 V_O를 관찰하기 위해 오실로스코프의 CH_1, CH_2에 각각 연결한다.
   비반전증폭기에 대하여 표 3의 R_F값(1㏀, 2.2㏀, 4.7㏀, 10㏀, 100㏀)을 이용하여 입·출력파형을 오실로스코프로 측정하여 표 3에 기록한다(입력은 흑색, 출력은 적색으로 표시한다). 또한 출력전압 V_O, 전압이득 V_O/V_S, $(1+R_F/R_1)$를 각각 구하여 표 4 (a)에 기록하고 서로 비교한다.

6. 비반전증폭기가 직류증폭기(DC amplifier)라는 것을 입증하기 위해 신호발생기(signal generator) 대신 직류전원 공급장치를 연결하고, $R_F = 1\,\text{k}\Omega$, $2.2\,\text{k}\Omega$, $4.7\,\text{k}\Omega$, $10\,\text{k}\Omega$, $V_S = 1.5\,V_{DC}$일 때, 출력전압 V_O를 측정하고 표 4 (b)에 기록한다.

(3) 전압 폴로어

7. 연산증폭기의 전압 폴로어(voltage follower)의 실험회로를 그림 3과 같이 구성한다.

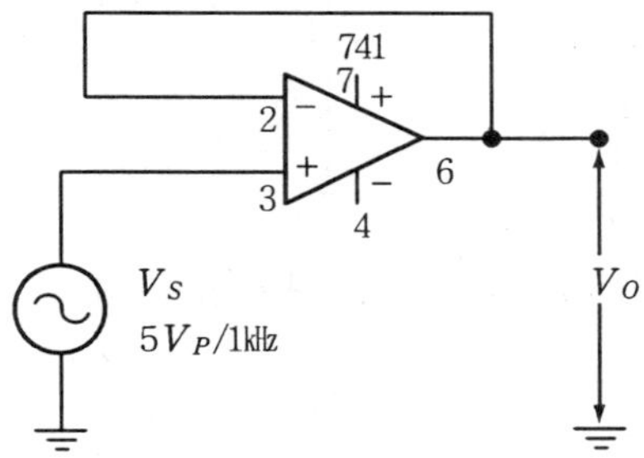

그림 3. 전압 폴로어회로

8. 신호발생기의 모드를 정현파로 하고, 입력신호 $V_S = 5\text{V}_{\text{peak}}$ 1㎑로 조정하여 입·출력파형을 오실로스코프로 측정한다.(입력은 흑색, 출력은 적색으로 표시한다.) 또한, 출력전압 V_O와 입출력 위상각을 표 5에 기록한다. 신호발생기를 떼어내고 직류전원공급장치를 이용하여 $V_S = 10\,\text{V}$(건전지) : DM type으로 맞추어 출력전압 V_O와 위상각을 오실로스코프로 측정하고 표 5에 기록한다.

9. 직류전원공급장치를 신호발생기로 바꾸고 모드를 구형파로 하여 $V_S = 2\,\text{Vpk}$, 1㎑에 대한 출력신호 V_O를 오실로스코프로 관측하고 그 파형을 표 5에 나타낸다.

(4) 가산증폭기

10. 그림 4와 같은 회로를 구성한다. 여기서 V_{S1}과 V_{S2}는 DC 1.5V의 건전지를 이용한다.

11. 처음에 스위치 S_1을 닫고, S_2를 열어 V_O를 측정한다. 이어서 S_1을 열고 S_2를 닫아 역시 V_O를 측정하여 역시 표 6에 기록한다.

12. 이제 S_1과 S_2를 모두닫고, 출력전압 V_O를 측정하여 역시 표 6에 기록한다.

13. V_{S1}의 극성을 바꾸어 실험 순서 11, 12에서 수행한 실험을 반복하여 그 실험 결과를 표 6에 기록한다.

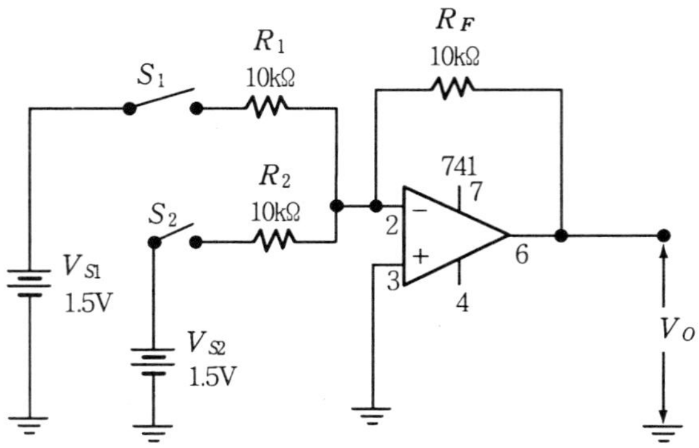

그림 4. OP Amp 가산증폭기 실험회로

실험 결과 보고서

평가	월	일
		(인)

실 험 일 자 : ____________ 학　　과 : ____________

학　　번 : (반, 번호) 공동 실험자 : ____________

이　　름 : ____________ ____________

연산증폭기(OP Amp)

4 실험 결과 :

1. 실험 순서 2에 열거한 내용대로 다음의 표 1에 그 결과를 나타내어라.

표 1. 반전증폭기의 입출력 관계

입·출력 파형	입력신호	출력신호	위상각	측정레인지
	$V_S = 100\text{mV}_{peak}$ $f = 1$㎑ 정현파 $R_1 = 1$kΩ	$V_0 =$ ________mV_{peak} $R_F = 1$kΩ	________[°]	VOLT/DIV : ________ TIME/DIV : ________
	$V_S = 100\text{mV}_{peak}$ $f = 1$㎑ 정현파 $R_1 = 1$kΩ	$V_0 =$ ________mV_{peak} $R_F = 2.2$ kΩ	________[°]	VOLT/DIV : ________ TIME/DIV : ________
	$V_S = 100\text{mV}_{peak}$ $f = 1$㎑ 정현파 $R_1 = 1$kΩ	$V_0 =$ ________mV_{peak} $R_F = 4.7$kΩ	________[°]	VOLT/DIV : ________ TIME/DIV : ________
	$V_S = 100\text{mV}_{peak}$ $f = 1$㎑ 정현파 $R_1 = 1$kΩ	$V_0 =$ ________mV_{peak} $R_F = 10$kΩ	________[°]	VOLT/DIV : ________ TIME/DIV : ________
	$V_S = 100\text{mV}_{peak}$ $f = 1$㎑ 정현파 $R_1 = 1$kΩ	$V_0 =$ ________mV_{peak} $R_F = 100$kΩ	________[°]	VOLT/DIV : ________ TIME/DIV : ________

2. 실험 순서 2, 3에 지시한 전압이득을 각각 구하여 표 2 (a), (b)에 기록하여라.

표 2. (a) 반전증폭기의 전압이득(AC) $V_S = 100\text{mV}_{peak}$, 1 kHz, $R_1 = 1.2$ kΩ

R_F	측정값 $A_V = \dfrac{V_0}{V_S}$	$A_V = -\dfrac{R_F}{R_1}$
1.2 kΩ		
2.2 kΩ		
4.7 kΩ		
10 kΩ		
100 kΩ		

표 2. (b) 반전증폭기의 전압이득(DC) $V_S = 1\,V_{do}$, $R_1 = 1\,k\Omega$

R_F	측정값 $A_V = \frac{V_0}{V_S}$	$A_V = -\frac{R_F}{R_1}$
2.2 kΩ		
4.7 kΩ		
10 kΩ		

3. 실험 순서 5의 결과를 표 3에 나타내어라.

표 3. 비반전증폭기의 입 · 출력 파형

입 · 출력 파형	입력신호	출력신호	위상각	측정레인지
	$V_S = 100mV_{peak}$ $f = 1$kHz 정현파 $R_1 = 1\,k\Omega$	$V_0 =$ ________mV_{peak} $R_F = 1\,k\Omega$	________[°]	VOLT/DIV : ________ TIME/DIV : ________
	$V_S = 100mV_{peak}$ $f = 1$kHz 정현파 $R_1 = 1\,k\Omega$	$V_0 =$ ________mV_{peak} $R_F = 2.2\,k\Omega$	________[°]	VOLT/DIV : ________ TIME/DIV : ________
	$V_S = 100mV_{peak}$ $f = 1$kHz 정현파 $R_1 = 1\,k\Omega$	$V_0 =$ ________mV_{peak} $R_F = 4.7\,k\Omega$	________[°]	VOLT/DIV : ________ TIME/DIV : ________
	$V_S = 100mV_{peak}$ $f = 1$kHz 정현파 $R_1 = 1\,k\Omega$	$V_0 =$ ________mV_{peak} $R_F = 10\,k\Omega$	________[°]	VOLT/DIV : ________ TIME/DIV : ________
	$V_S = 100mV_{peak}$ $f = 1$kHz 정현파 $R_1 = 1\,k\Omega$	$V_0 =$ ________mV_{peak} $R_F = 100\,k\Omega$	________[°]	VOLT/DIV : ________ TIME/DIV : ________

4. 실험 순서 5의 지시 내용을 표 4 (a), (b)에 기록하여라.

표 4. (a) 비반전증폭기의 전압이득(AC) V_S = 100mV, 1 kHz, R_1 = 1 kΩ

R_F	측정값 $A_V = \frac{V_0}{V_S}$	$A_V = \frac{R_F}{R_1} + 1$
1.2 kΩ		
2.2 kΩ		
4.7 kΩ		
10 kΩ		
100 kΩ		

표 4. (b) 비반전증폭기의 전압이득(DC) Vs = 1 V_{dc}, R_1 = 1 kΩ

R_F	측정값 $A_V = \frac{V_0}{V_S}$	$A_V = \frac{R_F}{R_1} + 1$
2.2 kΩ		
4.7 kΩ		
10 kΩ		

5. 실험 순서 8, 9의 입·출력파형과 전압이득을 표 5에 나타내어라.

표 5. 전압 폴로어

입력신호	입·출력파형	출력전압	A_V, θ	측정레인지
$V_S = 5V_{peak}$ 정현파 1㎑		V_0 = ________ V_{peak}	A_V: ________ θ : ________ °	VOLT/DIV : ________ TIME/DIV : ________
$V_S = 5V_{dc}$ 직류전압		V_0 = ________ V_{peak}	A_V: ________ θ : ________ °	VOLT/DIV : ________ TIME/DIV : ________
$V_S = 2V$ 구형파 1㎑		V_0 = ________ V_{peak}	A_V: ________ θ : ________ °	VOLT/DIV : ________ TIME/DIV : ________

6. 실험순서 11~13에서 가산증폭기의 출력전압 V_0에 대한 결과를 표 6에 나타내어라.

표 6. OP Amp의 가산증폭기

스위치 상태	실험 순서 11, 12	실험 순서 13	비 고
	V_0	V_0	
S_1 closed S_2 open	[V]	[V]	
S_1 open S_2 closed	[V]	[V]	
S_1 closed S_2 closed	[V]	[V]	

5 고찰 사항 :

1. 실험 순서 8에서 얻어진 전압이득을 이용하여 전압 폴로어(voltage follower)의 기능이 무엇인지를 설명하여라.
2. 표 2 (a), (b)에서 반전증폭기 전압이득의 측정값과 계산값 간에 차이가 있다면 그 원인은 무엇이라고 생각되는가?
3. 표 4 (a), (b)에서 비반전증폭기 전압이득의 측정값과 계산값 간에 차이가 있다면 그 원인은 무엇이라고 생각되는가?
4. 표 5에서 전압 폴로어의 전압이득은 이론적으로 1이 되어야 한다. 측정한 결과가 1이 되지 않을 경우 그 원인은 무엇인가?
5. 실험 순서 11, 12와 13에서 수행한 측정 결과와 이론에 의한 계산값과는 어느 정도의 오차가 있는 지를 언급하여라.

평가기준 :

실험실습 내용					보고서 사항				
구 분 \ 등 급	A	B	C	D	구 분 \ 등 급	A	B	C	D
회로 조립상태	5	4	3	2	실험 예비 보고서	10	8	6	4
계측기 사용 태도	5	4	3	2	실험 결과 보고서	20	16	12	8
실험실습 결과의 정확성	15	12	9	6	고찰 사항	5	4	3	2
실험실습 결과의 분석 · 평가	15	12	9	6	실험관련 질의 · 응답	10	8	6	4
실험자세 및 정리정돈상태	10	8	6	4	기타 사항	5	4	3	2
소 계					소 계				
합 계									

실험

15 OP Amp 미분기, 적분기

실험 예비 보고서

학 과 : ____________ 학 번 : ____________

조/반 · 번호 : ( )조 / ( )반 ( ) 번 이 름 : ____________

OP Amp 미분기, 적분기

1. OP Amp 적분기의 회로를 그리고 그 동작 내용을 설명하여라.

2. ① 구형파를 삼각파로 만드는 OP Amp회로의 이름은 무엇인가? ____________
   ② 삼각파를 구형파로 만드는 OP Amp회로의 이름은 무엇인가? ____________
   ③ 구형파를 임펄스파형으로 만드는 OP Amp회로의 이름은 무엇인가? ____________
   ④ 정현파를 구형파로 만드는 OP Amp회로의 이름은 무엇인가? ____________

3. 다음 그림은 OP Amp 미분기회로이다. 입력신호가 그림과 같이 램프파형일 때 출력파형을 나타내어라.

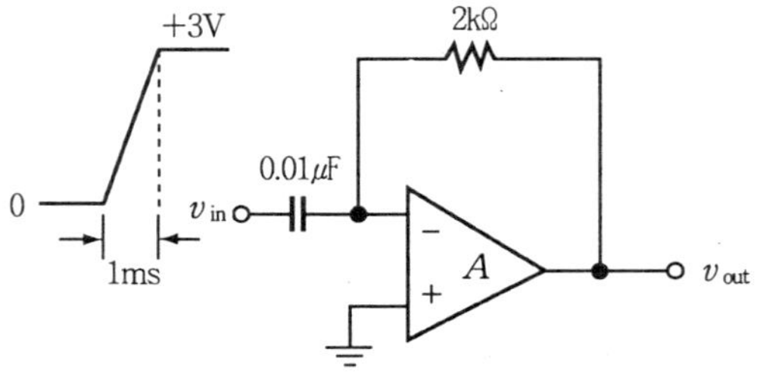

4. 적분기의 귀환소자는 다음 중 어느 것인가?
   - ☐ 저항
   - ☐ 커패시터
   - ☐ 다이오드
   - ☐ 전압분배저항

5. 미분기의 귀환소자는 다음 중 어느 것인가?
   - ☐ 저항
   - ☐ 커패시터
   - ☐ 다이오드
   - ☐ 전압분배저항

6. 다음의 적분기회로에서 출력의 변화율은 얼마인가?

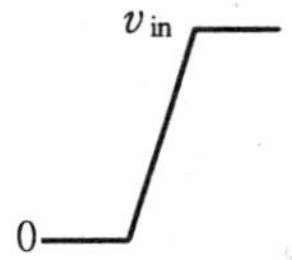

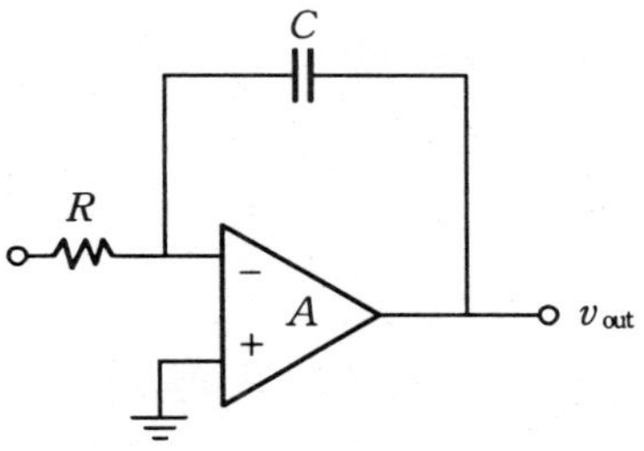

$$\frac{\Delta V_{out}}{\Delta t} = \underline{\qquad\qquad\qquad}$$

7. 다음의 미분기회로에서 입력이 램프파형이 주어졌을 때 출력전압의 크기는 얼마인가?

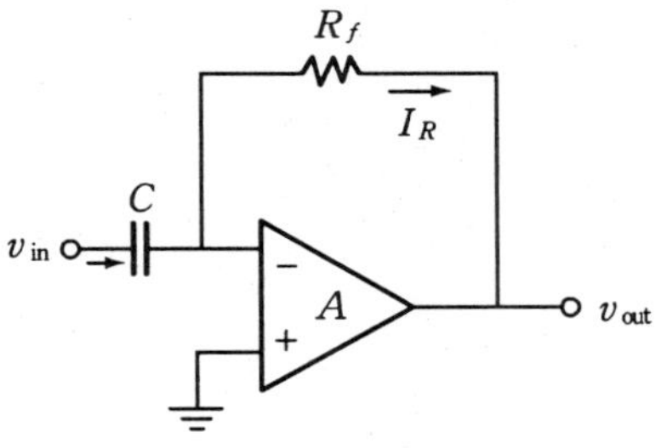

$V_{out} = \underline{\qquad\qquad\qquad}$

참고 문헌 :

1. 김익수 외 1인, "전자공학", 연학사, 96.7.20, pp. 339~340
2. Robert boylestad, "Electronics Device and Circuit", Prentice-Hall, 1978, pp. 589~590
3. 장삭신 외 4인, "전자회로", 광문각, 1992, pp. 627~632
4. 정현기, "디지털전자회로", 문운당, 1992, pp. 221~240
5. 조학현, "일반전자공학", 삼원출판사, 1995, pp. 216~220
6. 임경택, "전자회로공학", 형설출판사, 1996, pp. 553~557

주의 사항 :

1. 전해콘덴서를 사용할 때 극성에 유의하여 접속한다.

2. 저주파 신호발생기의 부착되어 있는 표시기의 지시치를 실험데이터로 적용하지 말고 오실로스코프로 측정한 값을 실험데이터로 이용하도록 한다.

3. 오실로스코프의 조절기의 능숙한 조작으로 실험에 지장이 없도록 한다.

OP Amp 미분기, 적분기

1 실험 목적 :

- OP Amp회로를 구성하여 수학적인 미분 · 적분을 실험적으로 확인한다.
- 주파수에 따른 미적분회로의 위상 이동 관계를 실험적으로 고찰한다.

2 사용기기 및 재료 :

□ 오실로스코프(2채널)	1대
□ 직류전원장치(dual 0~30 V)	1대
□ 저주파 신호발생기(정현파, 구형파)	1대
□ OP Amp(741C)	1개
□ 저항 470 kΩ 1/2 W	1개

47 kΩ 1/2 W	1개
10 kΩ 1/2 W	1개
470 Ω 1/2 W	1개
□ 커패시터 0.0022 μF	1개
0.01 μF	1개
□ 만능 보드	1개
□ 연산증폭실험장치	1대

3 실험 순서 :

(1) 적분기

1. 그림 1의 OP Amp의 적분기회로를 구성한다.
   저주파 신호발생기 V_S를 500 Hz, $5V_{P-P}$의 정현파가 되도록 조정하고, 오실로스코프의 입력 결합선택을 AC로 맞춘다.

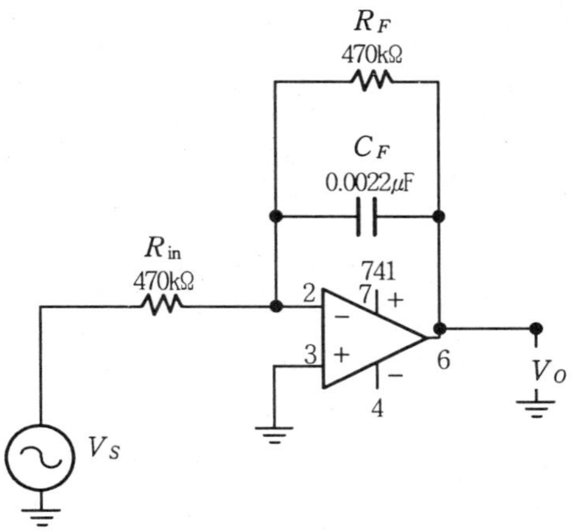

그림 1. OP Amp의 적분기회로

2. 오실로스코프를 이용하여 V_S와 V_0의 파형과 출력전압 V_0의 피크-피크값을 표 1에 기록한다.

3. V_S의 피크-피크전압과 주파수를 1 kHz, $5V_{P-P}$로 각각 조정하고 실험 순서 2를 반복한다.

4. 저주파 신호발생기의 V_S를 정현파에서 구형파 모드로 바꾼다. 구형파주파수를 500 Hz, V_S의 피크-피크전압을 $5V_{P-P}$로 하여 V_S와 V_0의 파형 및 V_0의 피크-피크값을 표 1에 기록한다.

5. 구형파 V_S의 주파수를 1㎑, 피크-피크전압을 $5V_{P-P}$로 하여 실험 순서 4를 반복한다.

(2) 미분기

6. 그림 2의 OP Amp의 미분기회로를 구성한다.
저주파 신호발생기의 V_S를 0.5㎑, $2V_{P-P}$의 정현파가 되도록 조정한다.

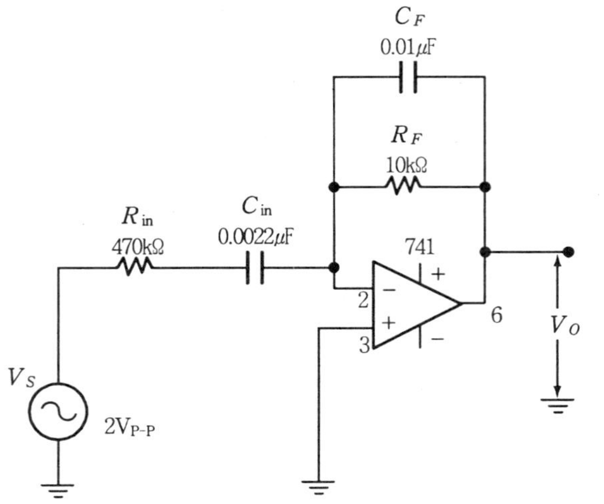

그림 2. OP Amp의 미분기회로

7. 오실로스코프를 사용하여 V_S와 V_0의 파형과 출력전압의 피크-피크값을 표 2에 기록한다.

8. V_S의 주파수를 250㎐, 피크-피크전압을 $2V_{P-P}$로 하고, 실험 순서 7을 반복한다.

9. 그림 2의 V_S를 구형파 모드로 바꾸고 실험 순서 6~8을 반복한다.

실험 결과 보고서

평가	월	일
		(인)

실 험 일 자 : ____________________ 학 과 : ____________________

학 번 : (반, 번호) 공동 실험자 : ____________________

이 름 : ____________________ ____________________

OP Amp 미분기, 적분기

4 실험 결과 :

(1) 적분기

1. 실험 순서 2~5에 의한 정현파의 입출력파형과 피크-피크값을 표 1에 기록하여라.

표 1. 적분기

실험 순서	V_S	입력파형(V_S)	출력파형(V_0)	(피크-피크)	CRO 선택 레인지
2	정현파 500Hz $10V_{P-P}$			________ V_{P-P}	VOLTS/DIV : ________ TIME/DIV : ________
3	정현파 1kHz $10V_{P-P}$			________ V_{P-P}	VOLTS/DIV : ________ TIME/DIV : ________
4	구형파 500Hz $10V_{P-P}$			________ V_{P-P}	VOLTS/DIV : ________ TIME/DIV : ________
5	구형파 1kHz $10V_{P-P}$			________ V_{P-P}	VOLTS/DIV : ________ TIME/DIV : ________

2. 실험 순서 4, 5에 의한 구형파의 입출력파형과 피크-피크값을 표 1에 기록하여라.

(2) 미분기

3. 실험 순서 7~9에 의한 정현파의 입출력파형과 V_0의 피크-피크값을 표 2에 기록하여라.

표 2. 미분기

실험 순서	V_S	입력파형(V_S)	출력파형(V_0)	(피크-피크)	CRO 선택 레인지
7	정현파 500Hz $2V_{P-P}$			________ V_{P-P}	VOLTS/DIV : ________ TIME/DIV : ________
8	정현파 250Hz $2V_{P-P}$			________ V_{P-P}	VOLTS/DIV : ________ TIME/DIV : ________
9	구형파 500Hz $2V_{P-P}$			________ V_{P-P}	VOLTS/DIV : ________ TIME/DIV : ________
10	구형파 250Hz $2V_{P-P}$			________ V_{P-P}	VOLTS/DIV : ________ TIME/DIV : ________

5 고찰 사항 :

1. 그림 1의 적분기회로에서 500 Hz와 1 kHz 각각의 정현파주파수에 대해 이론식에 의한 출력전압의 계산값과 표 1의 실험 순서 2, 3의 측정값을 서로 비교하여 차이점을 설명하여라.

2. 그림 1의 적분기회로에서 V_S의 주파수를 500 Hz 이하(200 Hz, 100 Hz 등)로 감소시켜, V_S와 V_0의 위상 관계가 어떻게 변화하는 지를 설명하여라.

3. 고찰 사항 2번에서 적분기회로는 저역통과필터(Low-Pass Filter)의 기능을 하는지, 고역통과필터(High-Pass Filter)의 기능을 하는지를 검토하여 언급하여라.

4. 그림 2의 미분기회로에서 0.5 kHz와 250 Hz의 각각의 정현파주파수에 대해 이론식에 의한 출력전압의 계산값과 표 2의 실험 순서 7, 8의 측정값을 서로 비교하여 차이점을 설명하여라.

5. 그림 2의 미분기회로에서 V_S의 주파수를 0.5 kHz 이상(1 kHz, 2 kHz 등)으로 증가시켜, V_S와 V_0의 위상 관계가 어떻게 변화하는지를 설명하여라.

6. 고찰 사항 5의 OP Amp 미분기회로는 저역통과필터의 기능을 하는가? 고역통과필터의 기능을 하는가?

평가기준 :

실험실습 내용					보고서 사항				
구분 \ 등급	A	B	C	D	구분 \ 등급	A	B	C	D
회로 조립상태	5	4	3	2	실험 예비 보고서	10	8	6	4
계측기 사용 태도	5	4	3	2	실험 결과 보고서	20	16	12	8
실험실습 결과의 정확성	15	12	9	6	고찰 사항	5	4	3	2
실험실습 결과의 분석 · 평가	15	12	9	6	실험관련 질의 · 응답	10	8	6	4
실험자세 및 정리정돈상태	10	8	6	4	기타 사항	5	4	3	2
소 계					소 계				
합 계									

실 험

16 비안정 멀티바이브레이터

실험 예비 보고서

학　　과 : ____________　　학　　번 : ____________

조/반 · 번호 : ( )조 / ( )반 ( ) 번　　이　　름 : ____________

비안정 멀티바이브레이터

1. 트랜지스터를 이용한 비안정 멀티바이브레이터의 회로를 그리고, 동작내용을 설명하라.

2. 555 타이머를 이용한 비안정 멀티바이브레이터의 내부 회로를 그리고, 동작내용을 설명하라.

3. 문제 1의 트랜지스터를 이용한 비안정 MV에 대한 발진주파수 식을 나타내어라.

4. 문제 2의 555 타이머를 이용한 비안정 MV의 발진주파수에 대한 식을 나타내어라.

참고 문헌 :

1. 임경택, "전자회로공학", 형설출판사, 1995, pp. 716~719.
2. 신인철 외 3인, "대학전자회로실험", 청문각, 1997, pp. 380~381.
3. Robert boylestad, "Electronics Device and Circuit", Prentice-Hall, 1978, pp. 418~422.
4. 고진호 외 1인, "전자기사 실기", 성안당, 1995.
5. Theodore, "Experiments in Electronic Devices and Circuits", Merill Co., 1986.
6. 장학신 외 4인, "전자회로", 광문각, 1992, pp. 675~680.

주의 사항 :

1. 비안정 M.V는 디지털회로에서 많이 사용되는 회로이므로 동작원리를 충분히 숙지하여 응용하도록 한다.

2. 전해콘덴서를 사용할 경우 반드시 방전시켜 사용하도록 한다.

3. 회로 결선을 반드시 직류전원장치 및 신호 발생기의 전원을 차단한 후 결선에 임하도록 한다.

[1] 실험 목적 :

- 트랜지스터를 사용한 비안정 멀티바이브레이터의 동작원리를 이해하고, 실험을 통해 확인한다.

- 555 Timer IC를 사용한 비안정 멀티바이브레이터의 동작원리를 이해하고, 실험을 통해 확인한다.

[2] 관련 이론 :

(1) TR을 이용한 비안정 멀티바이브레이터

비안정 멀티바이브레이터는 어떤 폭과 주기의 반복펄스를 발생하는 회로로서 그 동작은 다음과 같다.

그림 1에서 t_1의 순간에 TR_1이 ON하여 TR_1의 컬렉터전압 V_{C1}이 $+V_{CC}$로부터 0[V]로 되었다고 하면 이 변화는 콘덴서 C_1을 통하여 TR_2의 베이스에 전달된다.

이 때문에 베이스는 0[V]에 가까운 정전위로부터 부전위로 내려간다(C_1은 최초에 V_{CC}로 충전

되어 있는 상태에서 $V_{C1}=0$[V]로 되면 방전 전류가 흘러 TR_2의 베이스를 부전위로 한다). 따라서 TR_2는 차단(OFF)상태로 되어 V_{C2}는 전원전압 V_{CC}와 같아진다.

이 상태에서 C_1의 충전 전하는 방전을 계속하면서 감소하기 때문에 V_{B2}의 부전위는 $C_1 R_B$의 시정수에 의한 속도로 회복된다.

V_{B2}가 0[V]에 가까워지면 TR_2는 도통 상태로 되어 I_{C2}가 흘러 I_{C2}가 저하되고, 이 전위변화가 C_2를 통해서 TR_1의 베이스에 가해져 TR_1을 차단 상태로 한다.

따라서 C_{C1}이 상승하므로 TR_2의 베이스 전위를 보다 더 정전위로 하여 다시 TR_2가 ON, TR_1이 OFF로 되어 최초의 상태로부터 반전하는 동작이 행해진다.

펄스폭 $T_W \fallingdotseq 0.7 C_2 R_{B1}$

반복주기 $T_r \fallingdotseq 0.7(C_2 R_{B1} + C_1 R_{B2})$

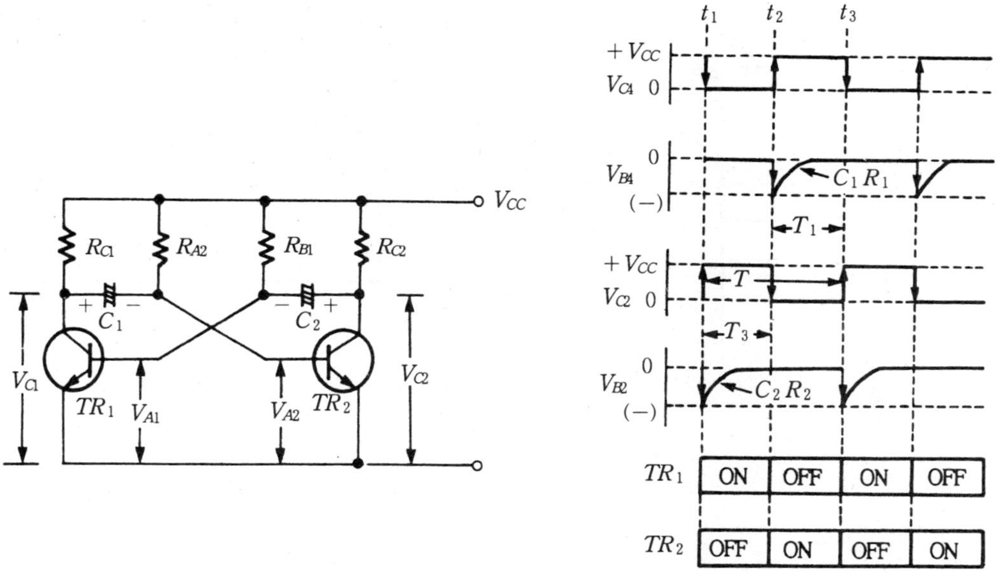

(a) 회로　　(b) 동작파형

그림 1. 비안정 멀티바이브레이터의 회로와 그 동작파형

(2) 555 타이머 IC를 이용한 비안정 동작

그림 2(a)는 555 타이머가 비안정(자유발진)동작을 하는 모습을 보였다. Q가 낮을 때 트랜지스터는 차단되고 커패시터는 총저항 R_A+R_B를 통해 충전된다. 이 때문에 충전 시정수는 $(R_A+R_B)C$이다.

커패시터가 충전됨에 따라 한계전압은 증가하여 궁극적으로 한계전압은 $+2V_{CC}/3$을 초과하게 되며, 상단 비교기는 높은 출력을 갖고 이것이 플립-플롭을 세트시킨다. Q의 높은 값을 가지고 트랜지스터는 포화되고 핀 7을 접지시킨다. 커패시터가 R_B를 통해 방전되므로 방전 시정수는 $R_B C$이다. 커패시터전압이 $+V_{CC}/3$ 이하로 강하하였을 때, 하단 비교기는 높은 출력을 가지며 이것이 플립-플롭을 리셋시킨다.

그림 2(b)는 파형을 보인 것으로 타이밍 커패시터가 지속적으로 증가하거나 감소하는 전압을 가지며 출력은 구형파이다.

충전 시정수가 방전 시정수보다 길기 때문에 출력은 대칭적이 아니며, 높은 출력상태는 낮은 출력상태보다 길게 나타난다.

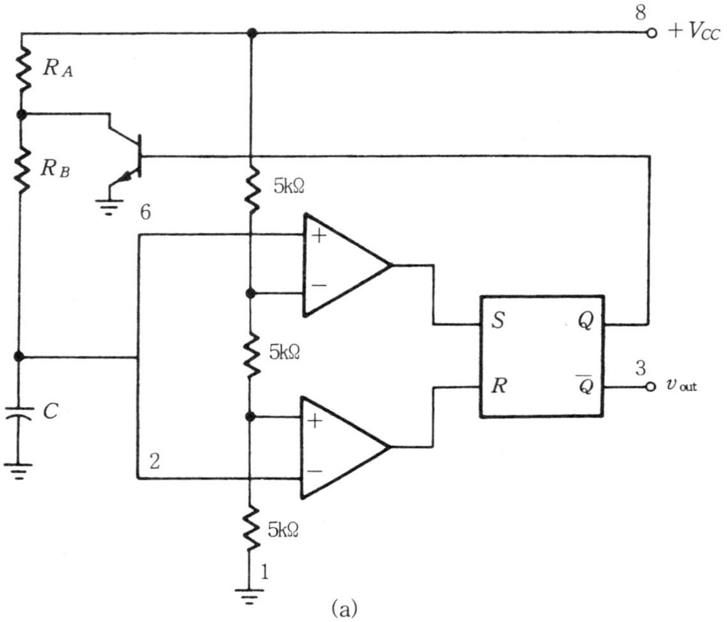

(a)

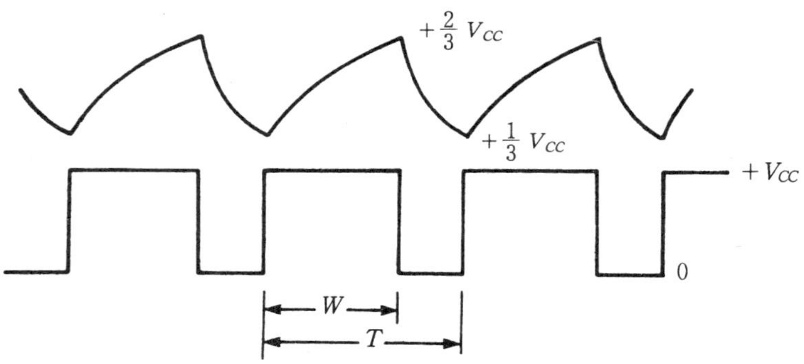

(b)

그림 2. (a) 비안정 멀티바이브레이터로써 연결된 555 타이머 (b) 커패시터와 출력파형

비대칭의 출력을 특별히 취급하기 위하여 아래와 같이 정의된 충격계수(duty-cycle)를 사용한다.

$$D = \frac{W}{T} \times 100\% \tag{1}$$

예로서 $W = 2\,\text{ms}$이고, $T = 2.5\,\text{ms}$이면 충격계수는

$$D = \frac{2\,\text{ms}}{2.5\,\text{ms}} \times 100\% = 80\%$$

저항 R_A가 R_B에 의존하여 충격계수는 50과 100% 사이의 값을 가진다.
충전과 방전방정식에 대한 수학적 풀이는 다음 공식으로 주어지며, 출력주파수는

$$f = \frac{1.44}{(R_4 + 2R_B)C} \tag{2}$$

만일 R_A가 R_B보다 매우 작으면 충격계수는 50%에 근사하게 나타난다.

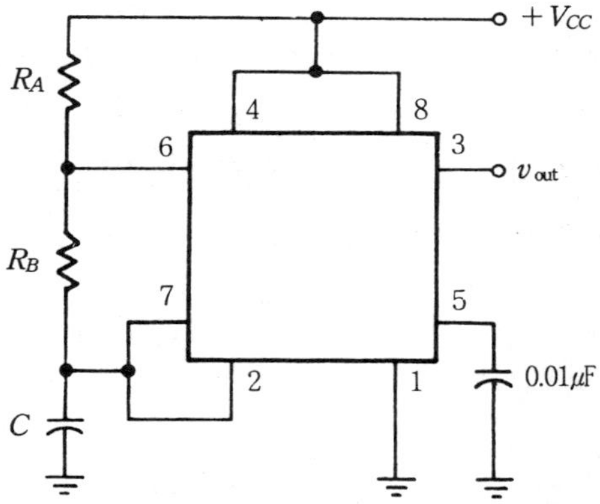

그림 3. 555 비안정 타이머회로

그림 3은 학술적인 다이어그램으로 나타낸 비안정 555 타이머이다. 핀 4(리셋)가 공급전압에 여결되는 이유와 핀 5(제어)가 0.01μF 커패시터를 통해 접지로 측로 통과되는 것을 주목하라. 비안정 555 타이머를 종종 free-running multivibrator라고 하는 데 구형펄스의 연속적인 파형을 만들어낸다.

3 사용기기 및 재료 :

- □ 오실로스코프(2채널) 1대
- □ 직류전원장치(DC 0~30 V) 1대

- ☐ DMM/VOM 1대
- ☐ 트랜지스터 2SC1815 2개
- ☐ 저항 ½ W 1.2 kΩ 2개
  - 33 kΩ 2개
  - 120 kΩ 1개
- ☐ 커패시터 0.0022 μF 2개
  - 0.01 μF 25 V 2개
- ☐ 555 타이머 IC 1개
- ☐ 만능 보드 1개
- ☐ 저항 10 kΩ ½ W 1개

4 실험 순서 :

(1) TR을 이용한 비안정 M.V

1. 그림 4와 같이 트랜지스터를 이용하여 비안정 멀티바이브레이터회로를 구성한다.

2. 그림 4의 회로에서 Q_1, Q_2의 각 트랜지스터의 베이스-접지 간의 전압과 컬렉터-접지 간의 전압을 VOM으로 측정하여 표 1에 기록한다.

3. 오실로스코프를 사용하여 그림 4의 4개의 테스트 포인트($TP_1 \sim TP_4$)의 파형과 피크-피크전압을 관측하고 표 1에 기록한다.

4. 발진주파수 공식에 의한 멀티바이브레이터 주파수와 TP_3, TP_4에서 오실로스코프로 측정된 측정주파수 ($f = \frac{1}{(t_1 + t_2)}$)를 표 1에 기록하고 서로 비교한다.

5. 그림 4의 커패시터 C_1, C_2를 각각 0.01 [μF]으로 바꾸고, 실험 순서 2~4를 반복하여 표 2에 기록한다.

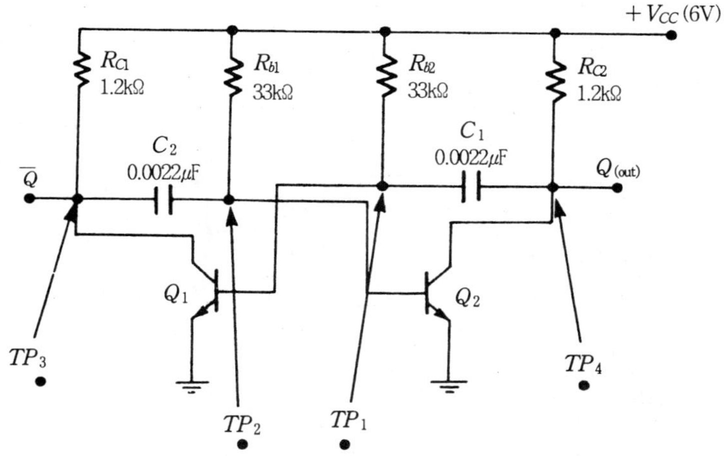

그림 4. TR을 이용한 비안정 멀티바이브레이터회로

(2) 555 타이머 IC를 이요한 비안정 M.V

6. 그림 5와 같이 555 타이머 IC를 이용하여 비안정 멀티바이브레이터를 구성한다.

7. V_{out} 단자에 오실로스코프를 연결하고, 출력파형과 피크-피크값을 측정하여 표 3에 기록한다. 동작 주파수도 오실로스코프로 측정하여 측정란에 기록한다.

8. 공식에 의한 동작주파수를 계산하여 표 3의 계산란에 기록하고 실험 순서 7의 측정값과 비교한다. 주파수가 차이가 나면 그 이유를 설명한다.

9. 그림 5에서 저항 R_2를 10 kΩ으로 바꾸어 실험 순서 7을 반복하고 그 결과를 표 3에 기록한다.

10. 실험 순서 9의 주파수 측정값과 공식에 의한 계산값을 비교하고, 오차가 있다면 그 이유를 설명한다.

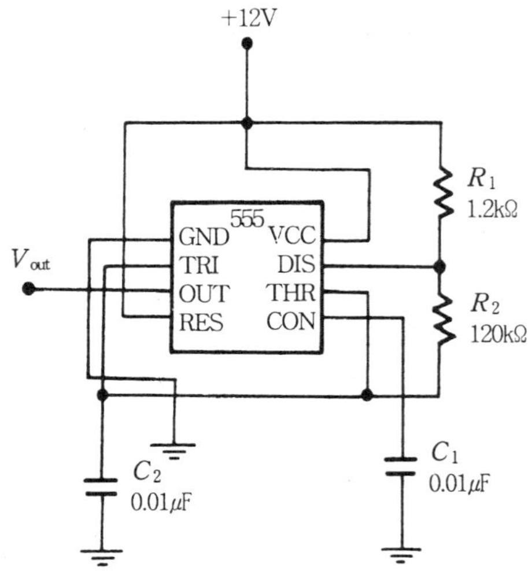

그림 5. 555 타이머 IC를 이용한 비안정 멀티바이브레이터

실험 결과 보고서

평가	월	일
		(인)

실 험 일 자 : ____________ 학 과 : ____________

학 번 : (반, 번호) 공동 실험자 : ____________

이 름 : ____________ ____________

비안정 멀티바이브레이터

5 실험 결과 :

(1) TR을 이용한 비안정 M.V

1. 실험 순서 2~4의 결과를 표 1에 기록한다.

표 1

실험 순서	TR	V_{B1} [V]	V_{C1} [V]	파형(TP_1)	피크-피크 [V_{P-P}]	파형(TP_3)	피크-피크 [V_{P-P}]	f [Hz] 측정	f [Hz] 계산	비고
2~4	Q_1									
	TR	V_{B2} [V]	V_{C2} [V]	파형(TP_2)	[V_{P-P}]	파형(TP_4)	[V_{P-P}]	측정	계산	
	Q_2									

2. 실험 순서 5의 결과를 표 2에 기록한다.

표 2

실험 순서	TR	V_{B1} [V]	V_{C1} [V]	파형(TP_1)	피크-피크 [V_{P-P}]	파형(TP_3)	피크-피크 [V_{P-P}]	f [Hz] 측정	f [Hz] 계산	비고
5	Q_1									
	TR	V_{B2} [V]	V_{C2} [V]	파형(TP_2)	[V_{P-P}]	파형(TP_4)	[V_{P-P}]	측정	계산	
	Q_2									

(2) 555 타이머 IC를 이용한 비안정 M.V

표 3

실험 순서	R_2	V_{out} 파 형	V_{out} V_{P-P}	동작주파수[Hz] 측정	동작주파수[Hz] 계산	비고
7, 8	100kΩ					
9	10kΩ					
8	오차 이유					
9	오차 이유 :					

6 고찰 사항 :

1. 그림 4의 4개의 테스트 포인트($TP_1 \sim TP_4$)에서 컬렉터의 출력파형이 약간 둥글게 되는지의 여부를 말하고 둥글다면 그 원인은 무엇인가?

2. 그림 4의 비안정 멀티바이브레이터의 동작 순서를 단계적으로 설명하여라.

3. 그림 4에서 전원전압을 변화시킬 때 주파수에 어떤 영향이 있는지를 살펴보고, 그 이유를 설명하여라.

4. TR을 이용한 비안정 M.V의 동작주파수는 커패시터의 용량을 절반으로 감소시키면 동작주파수도 절반으로 감소된다($f = 0.7/CR$). 표 1과 표 2의 결과로부터 이것이 성립되는지를 살피고 차이가 있다면 그 원인은 무엇인가?

5. 그림 5의 비안정 멀티바이브레이터에서 두 저항값의 감소에 따라 동작주파수는 증가하는가? 감소하는가?

6. 555 IC를 이용한 비안정 M.V의 동작주파수의 공식은 $f = 1/0.69(R_A + 2R_B)$로 주어진다. 그림 5의 R_1과 R_2는 공식의 R_A, R_B 중에서 각각 어느 것에 대응되는가?

7. 멀티바이브레이터의 종류를 들고 간단히 기능을 설명하여라.

실험 17

IC전압조정기

실험 예비 보고서

학　　과 : ______________　　　학　　번 : ______________

조/반 · 번호 : (　)조 / (　)반 (　) 번　　　이　　름 : ______________

IC전압조정기

1. IC전압조정기의 7800계열과 340계열은 정(+)의 고정출력전압을 제공하는 대표적인 3단자 소자이다. 그 3단자는 각각 ________ , ________ , ________를 나타내고, 표시된 숫자의 마지막 두 자리는 ________ 전압을 의미한다.
   간혹 커패시터가 입력과 출력단에 사용되는데, 입력단의 커패시터는 원하지 않는 ________ 을 방지하기 위하여 사용되며, 출력단의 커패시터는 ________ 특성을 개선하기 위해 사용된다.

2. 7900계열의 IC전압조정기는 ________ 의 고정출력전압을 제공하며, LM317은 정(+)의 ________ 출력 정전압회로이다. 이에 대해 LM은 부(−)의 가변출력을 갖는 3단자 IC전압조정기이다.

3. 전원조정(Source Regulation)과 부하조정(Load Regulation)에 대해서 설명하라.

4. LM340 시리즈는 대표적인 3단자 IC전압조정기의 신기종으로서 통과 트랜지스터, ________ , ________ 회로 등이 포함되어 있다.
   예를 들어 LM340-5는 최대부하전류 ________ A, 부하안정 ________ mV, 전원안정 ________ mV이며, 리플 제거는 80 dB, 출력전압은 ________ V± ____ %이다.

참고 문헌 :

1. 장학신 외 4인, "전자회로", 광문각, 1992, pp. 736~758.
2. 이영근, "전자공학의 기초", 광림사, 1981, pp. 712~717
3. 고진호 외 1인, "전자기사실기", 성안당, 1995.
4. 조기선 외 4인, "대학기초실험", 보문당, 1995, pp. 379~385.

1 실험 목적 :

- 3단자 7805 IC전압조정기를 실험을 통해 이해한다.
- 7805 IC의 부하 및 선전압 변동률을 측정한다.
- 전류제한을 갖는 723 가변전압조정기의 기능에 대해서 살펴본다.

2 관련 이론 :

(1) 전력공급 특성

전력공급 특성은 부하전압, 부하전류, 전압안정과 기타 요소에 의한다. 여기에서는 안정된 전력공급의 여러 특성을 고찰해 본다.

1) 부하안정(load regulation)

부하안정(또는 부하효과)은 부하전류가 최소값에서 최대값으로 변할 때 안정된 출력 전압의 변화로써 정의된다.

$$LR = V_{NL} - V_{FL} \tag{1}$$

여기서, LR : 부하안정

V_{NL} : 부하전류가 없을 경우의 부하전압

V_{FL} : 전부하전류일 때의 부하전압

예를 들면, 전력공급이 부하전류 0에서 10 V를 공급하고 전부하전류에서 9.9 V이면 이의 부하안정은 아래와 같다.

$$LR = 10\,\text{V} - 9.9\,\text{V} = 0.1\,\text{V}$$

다른 예를 들면 Hewlett-Packard 6214A가 10 V의 최대 부하전압과 1 A의 전부하전류 전력공급을 갖는다. 이 데이터 표는 4 mV의 부하안정을 갖는다. 이것은 부하전류가 0에서 1 A로 변할 때 부하전압이 단지 4 mV를 갖는다는 것이다.

부하안정이 종종 부하전압의 변화를 무부하전압으로 나눔으로써 퍼센트로 표현된다.

$$\%LR = \frac{V_{NL} - V_{FL}}{V_{NL}} \times 100\% \tag{2}$$

여기서, $\%LR$: 퍼센트 부하안정

V_{NL} : 무부하전류의 부하전압

V_{FL} : 전부하전류의 부하전압

예를 들면 무부하전압이 10 V이고 전부하전압이 9.9 V이면 퍼센트 부하안정은 아래와 같다.

$$\%LR = \frac{10\,\text{V} - 9.8\,\text{V}}{10\,\text{V}} \times 100\% = 1\%$$

2) 전원안정(source regulation)

전원안정(또는 전원효과 혹은 선안정)은 특별한 선전압의 범위가 전형적으로 115 V±10%, 103 V에서 127 V로서의 범위에 대해 안정된 부하전압에서의 변화이다. 예를 들어 보면 선전압변화가 127 V에서 103 V로 변할 때 부하전압의 변화가 10 V에서 9.8 V로 변하면 전원안정은

$$SR = 10\text{V} - 9.8\,\text{V} = 0.2\,\text{V}$$

이며, Hewlett-Packard 6214A와 같은 양질의 전력공급원은 4 mV의 전원안정을 갖는다. 퍼센트 전원안정은

$$\%SR = \frac{SR}{V_{\text{nom}}} \times 100\% \tag{3}$$

여기서, $\%SR$: 퍼센트 전원안정

SR : 전(全) 선변화에 대한 부하전압에서의 변환

V_{nom} : 정상적인 부하전압

이다. 예를 들면, 부하전압의 변화가 5 mV이고 정상적인 부하전압이 10 V이면 퍼센트 전원안정은 다음의 값이다.

$$\%SR = \frac{5\,\text{mV}}{10\,\text{V}} \times 100\% = 0.05\%$$

자체출력저항(R_0)

부하가 변할 때 출력전압을 일정하게 유지하는 전압 안정기의 능력을 측정하는 한 방법은 자체출력저항 R_0를 측정하는 것이다.

$$R_0 = \frac{\Delta V_L}{\Delta I_L}$$

여기서, ΔV_L은 부하전류가 ΔI_L만큼 변했을 때 발생되는 출력전압의 변동분이다.

3) 리플 배제(ripple rejection)

전압안정기는 입력전압의 변화에 대해서 출력전압을 안정화시킨다. 리플은 입력전압에서의 변화와 등가이므로 전압안정기는 입력전압과 더불어서 유래되는 이플을 줄인다. 리플 배제(RR)는 주로 데시벨 단위로 나타내어지는데, 예를 들면 80 dB의 RR은 입력리플보다 80 dB만큼 작은 출력리플을 의미한다. 통상적인 숫자로서는 이것은 입력리플보다 10,000배 작은 출력리플을 말한다.

(2) 세 단자 집적회로 전압안정기

1960년대 후반에 IC 제조자들은 칩 위에서 전압안정기를 설계하였다. 제1세대 소자 μA723과 LM 300들은 제너 다이오드, 고이득증폭기, 전류제한회로와 그 밖의 유용한 회로 등을 포함하고 있어서 초기 IC안정기의 단점은 많은 외부 성분을 필요로 하고 또한 8개 또는 그 이상의 핀이 최적수행을 위해서 다양한 방법으로 연결되었다.

IC전압안정기로서 최근에는 단지 3개 핀을 지닌 소자로서 하나의 비안정 입력전압에 대한 것이고, 또 하나는 안정된 출력전압에 대한 것이며, 나머지 하나는 접지에 대한 것이다. 이 새로운 소자 100 mA에서 3 A 이상의 부하전류를 공급할 수 있다. 플라스틱 또는 금속 패킷에서 유용하므로 이 3단자의 안정기는 급격히 일반화되었으며, 또한 저렴하고 사용이 용이하다. 측로통과 커패시터결합을 제외하고는 새로운 3단자 IC전압안정기는 다른 외부 성분을 필요로 하지 않는다.

1) LM340 시리즈, LM7800 시리즈

LM340 시리즈와 LM7800 시리즈는 대표적인 3단자 전압안정기의 신기종으로 이 기종의 블록 다이어그램을 그림 1에 보였다. IC 내부에 형성된 기준전압이 증폭기의 비반전입력을 구동하며 귀환전압은 출력전압 5 V, 6 V, 8 V, 10 V, 12 V, 15 V, 18 V, 24 V를 발생시키기 위하여 이미 고정된 내부 분압기로부터 발생된다. 예를 들면 LM340-5(7800 시리즈에서는 LM7805)는 5 V의 안정된 출력전압을 생성하며, LM340-18은 18 V의 출력전압을 생성한다.

칩 내부에는 적당한 방열판(heat sinking)을 사용하면 1.5 A 이상의 부하전류를 조정할 수 있는 통과 트랜지스터와 전류 제한회로 및 열차단회로 등이 포함되어 있다. 열차단회로는 내부 온도가 거의 175℃에 이르게 되면 동작하며 이 온도에서 전압안정기는 동작을 멈추고 칩의 온도는 더 이상 증가하지 못한다.

열차단회로는 주위의 온도, 방열판, 다른 변수 요인에 따라 변화하는 초과전력소비에 대한 방지회로이며, LM340시리즈는 열차단회로와 전류 제한회로가 존재하므로 거의 파손될 염려가 없다.

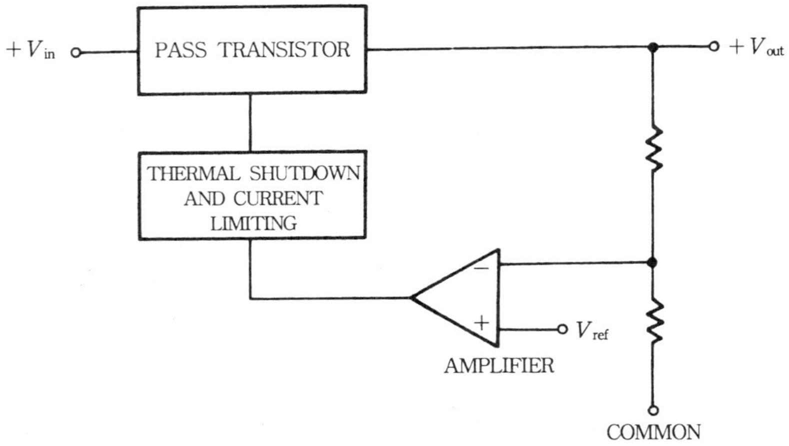

그림 1. 전형적인 3단자 IC전압안정기의 기능적인 블록 다이어그램

2) 고정된 전압안정기

그림 2(a)는 고정된 전압안정기인 LM340-5를 나타낸 것이다. 핀 1은 입력이고, 핀 2는 출력점이고, 핀 3은 접지점이다. LM340-5는 +5V±2%의 출력전압을 가지며, 최대 부하전류는 1.5A, 부하안정은 10mV이고 전원안정은 3mV이며, 리플 제한은 80dB이다. 근사적인 0.01Ω의 출력 임피던스를 갖는 LM340-5는 최대 전류비율을 유지하면서 매우 고정된 전압원을 모든 부하로 보낸다.

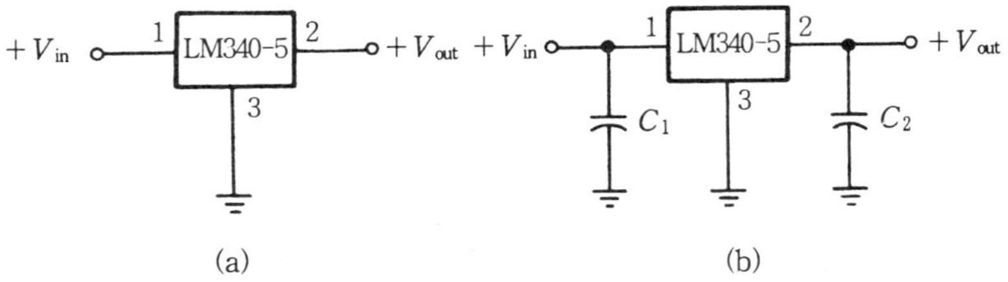

그림 2. (a) 전압안정기로써 연결된 LM340
(b) 발진방지의 입력 측로통과 커패시터와 천이응답을 개선키 위한 출력 측로통과 커패시터

IC가 비안정전압원 여파기 커패시터와 수 인치 떨어져 있을 경우, 리드 인덕턴스가 IC 내에서 발진을 발생시키므로 핀 1에 측로통과 커패시터 C_1을 부착시키며(그림 2(b)), 안정된 출력전압의 과도응답을 개선하기 위한 출력 측로통과 커패시터 C_2는 종종 사용되는데 이 전형적인 출력통과 커패시터의 값은 0.1에서 1 μF의 값이다(LM340 시리즈의 데이터 표에는 입력 커패시터가 0.22 μF이며, 출력 커패시터가 0.1 μF이다).

일반적으로 LM340 시리즈의 소자들의 입력전압은 안정화된 출력전압보다 적어도 2V~3V 정도 커야 하며, 그렇지 않으면 LM340 시리즈의 소자들은 정확한 전압 안정화 동작을 할 수 없다(때때로 brownout라고 불리어짐). 더욱이 초과 전력소비 때문에 입력전압의 제한이 요구된다.

예로서 LM340-5는 7V~20V 범위 사이의 입력전압을 안정화시키는 반면에 LM340-24는 극단적인 경우에서 거의 27V~38V 범위의 입력에서 24V의 안정화된 출력전압을 발생시킨다.

3) LM320 시리즈

LM320 시리즈는 −5V, −6V, −8V, −12V, −15V, −18V, −24V의 미리 정해진 출력전압을 발생시키는 부(−)전압안정기의 일종이다(7900 계열과 유사). 예를 들면 LM320-5는 −5V의 안정된 출력전압을 생성하며, 극단적인 경우에는 LM320-24는 −24V의 출력을 생성한다. LM320 시리즈로서 부하전류 용량은 적합한 방열판의 근사적인 값은 1.5A이고, LM320 시리즈는 LM340 시리즈와 매우 유사하며 전류 제한회로, 열차단회로와 탁월한 리플 제한 기능을 포함한다.

LM320과 LM340을 연결함으로써 분리전압원의 출력전압을 안정화할 수 있으며(그림 3), LM340은 정(+)출력을 안정화하며, LM320은 부(−)출력을 안정화한다. 더욱이 입력 커패시터는 발진을 방지하며 출력 커패시터는 순간적인 응답특성을 개선한다. 제작자의 데이터 표에 보이는 바와 같이 두 개의 다이오드의 첨가를 요구하며 이 다이오드는 모든 동작조건에서 동작하게 된다.

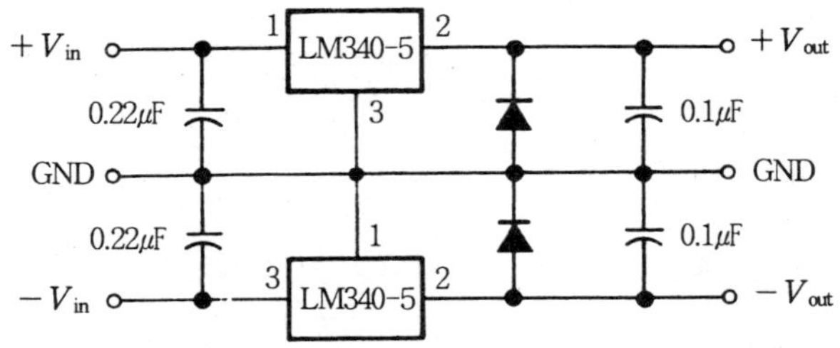

그림 3. 분리전원의 공급전압은 생성하는 LM340과 LM320을 사용

4) 조정가능한 안정기(317 시리즈 및 723 시리즈)

IC전원안정기의 일종으로 LM317, LM338, LM350이 조정가능한데 이것은 1.5A~5A의 최대 부하전류를 갖는다. 예로써 LM317은 거의 1.5A의 전류를 공급할 수 있는 3단자 정(+)전압안정기이며, 이 안정기의 부하전류로 1.25V~37V 범위 사이의 출력전압을 가변시킬 수 있다(723 시리즈도

317 시리즈와 유사한 성능을 갖는다). 부하전압 안정률이 0.1%/V이며, 선전압 안정률이 0.01%/V이므로 입력전압이 1 V 변화할 경우에 출력전압에서는 출력전압의 0.01% 변화분이 발생된다. 이 회로의 리플 제거는 80 dB이므로 리플전압을 10,000배로 감소시킨다.

그림 4에서는 비안정화된 전원으로 구동되는 전형적인 LM317회로를 나타낸 것이다. LM317의 데이터 표에는 출력전압에 대해 1.25 V~37 V의 범위에서 동일한 공식을 갖는다.

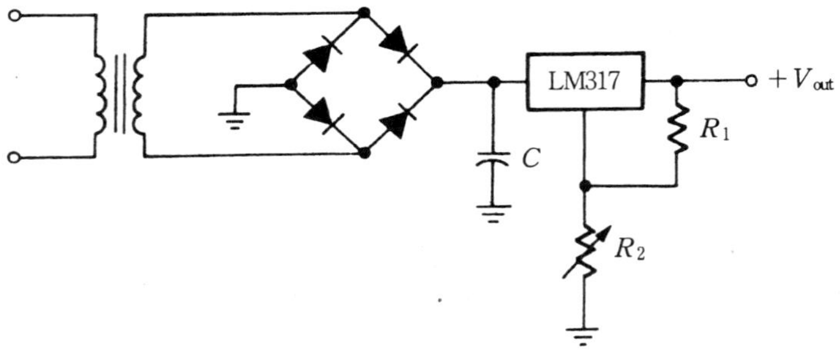

그림 4. LM317에 대해 비안정된 입력전압을 생성하는 브리지정류기와 커패시터 입력필터

$$V_{out} = 1.25\left(\frac{R_2}{R_1} + 1\right) \tag{4}$$

전형적인 필터 커패시터는 약 10.9의 피크값 리플을 갖도록 선택된다. 그러므로 안정기의 리플 제거가 약 80 dB이므로 최종 피크값 리플은 약 0.001%이다. 다시 말해서 입력리플의 필터뿐만 아니라 이 전압안정기는 대개의 전원공급장치에서 필요한 RC와 LC 필터의 필요성을 제거한다.

723 시리즈의 경우, 근사적으로 최대부하전류는 다음과 같다.

$$I_{L\max} \cong \frac{0.7}{R_{SC}}\ [\mathrm{A}]$$

R_{SC} 저항값이 0일지라도 723 전압조정기는 150 mA의 전류제한 값을 갖는다. R_{SC}는 전압조정기에 흐를 수 있는 부하전류를 제한함으로써 단락회로를 위해 제공된다.

3 사용기기 및 재료 :

- □ 직류전원장치(0~30 V) 1대
- □ DMM 1대
- □ 7805 IC전압조정기 1개
- □ 723 IC전압조정기 1개

□ 저항	1 kΩ	¼ W	1개
	470 Ω	¼ W	2개
	47 Ω	¼ W	1개
	22 Ω	¼ W	1개
	100 Ω	1 W	1개
	47 Ω	1 W	1개
	22 Ω	1 W	1개
	10 Ω	1 W	1개
□ 커패시터 100 pF			1개
□ 가변 저항기 10 kΩ			1개
	1 kΩ		2개
□ 만능 보드			1개

4 실험 순서 :

(1) 7805 IC 고정 전압조정기

1. 3단자 7805 IC를 이용하여 그림 5와 같은 회로를 구성한다.

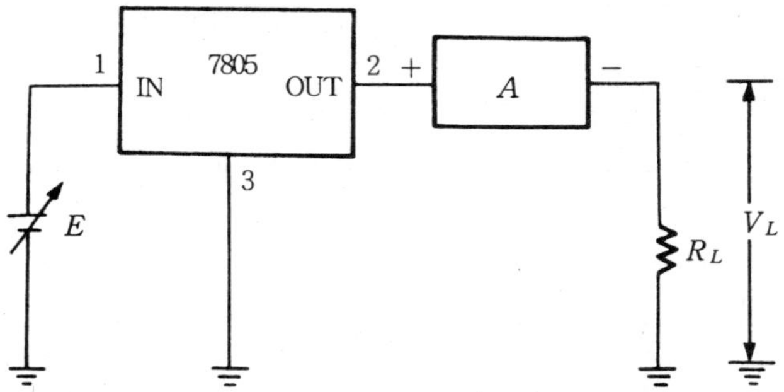

그림 5. 7805 IC의 고정 전압조정기회로

2. 직류전원장치로 DC 10 V로 조정하고, 표 1에 나열되어 있는 부하저항에 대해 부하전압과 전류를 측정하여 표 1에 기록한다. 전압측정에 사용되는 DMM은 수 mV의 분해능을 갖는 것을 사용하도록 한다.

3. 직류전원장치를 조절하여 표 2에 나열되어 있는 각각의 입력전압 E에 대해 7805의 부하저항

R_L(100 Ω, 1 W)양단에 전압과 전류를 측정하여 표 2에 기록한다.

(2) 723 IC 가변 전압조정기

4. 723 IC를 이용하여 그림 6과 같은 회로를 구성한다.

5. 직류전원장치를 조절하여 전원전압 E를 10 V로 맞춘다. 723 IC의 6번 핀과 접지간의 전압 V_{ref}를 측정하여 표 3에 기록한다.

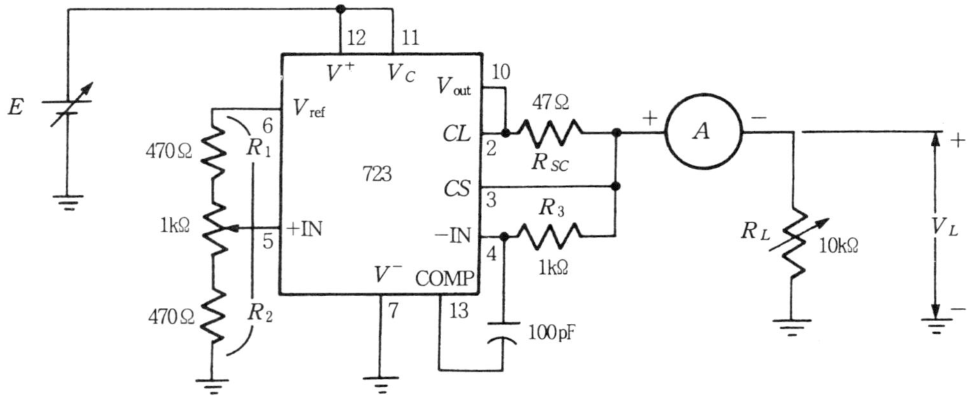

그림 6. 723 IC 가변 전압조정기회로

6. 10 kΩ의 가변 저항기 R_L을 떼어내고 1kΩ의 가변 저항기를 바꾸어 연결한다. 1kΩ의 가변 저항기를 전 범위에 걸쳐 조절함으로써 출력전압 V_L의 최대값과 최소값을 측정하고 표 3에 기록한다.

7. 그림 6의 회로에서 1 kΩ의 가변 저항기 R_L을 떼어내고 10kΩ으로 대체한다. 10kΩ의 가변 저항기를 조정하여 전류가 5 mA가 되도록 하고, 그 때의 출력전압 V_L을 측정하여 표 3에 기록한다.

8. 부하출력전압이 급격하게 감소할 때까지 가변 저항기 R_L을 천천히 감소시키고 이 때의 전류 I_L을 측정하여 표에 기록한다.

9. 47 Ω(1 W)의 전류제한저항 R_{SC}를 22 Ω(1 W)으로 바꾸어 실험 순서 5~8을 반복한다.

10. 최대 단락출력전류를 측정하기 위해서 R_{SC}를 떼어내고 그 자리를 단락시킨다. 또, 10 kΩ의 가변 저항기를 1 kΩ의 가변 저항기로 바꾸고 실험 순서 5~8을 반복한다.

실험 결과 보고서

평가	월	일
		(인)

실 험 일 자 : ____________ 학 과 : ____________

학 번 : (반, 번호) 공동 실험자 : ____________

이 름 : ____________ ____________

IC전압조정기

5 실험 결과 :

(1) 7805 IC 고정 전압조정기

1. 실험 순서 2에 의한 결과를 표 1에 기록하여라.

표 1

$E = 10[V]$

실험순서	부하저항 $R_L[\Omega]$	출력전압 $V_L[V]$	출력전류 $I_L[A]$
2	100		
	47		
	22		
	10		

2. 실험 순서 3에 의한 결과를 표 2에 기록하여라.

표 2

$R_L = 100[\Omega]$

실험순서	전원전압 E[V]	출력전압 V_L[V]	출력전류 I_L[A]
3	10		
	12		
	15		
	20		

(2) 723 IC 가변 전압조정기

3. 실험 순서 5~9의 결과를 표 3에 기록하여라.

표 3

실험 순서	E[V]	V_{ref}[V]	실험 순서	R_L[kΩ]	V_L[V]		실험 순서	R_L[kΩ]	V_L[V] ($I_L = 5$mA)	I_L[mA]
					최대	최소				
5	10		6	1			7, 8	10		
9			9	1			9	10		

4. 실험 순서 10에 의한 결과를 표 4에 기록하여라.

표 4

실험 순서	R_{SC}[Ω]	V_L[V]		I_L[mA]
		최대	최소	
10	단락			

6 고찰 사항 :

1. 표 1의 실험 결과로부터, 7805 IC의 출력저항 R_0를 계산에 의해서 구하고 데이터 시트에 있는 사양과 서로 비교하여라. 단, ΔI_L과 ΔV_L의 산출은 R_L을 100 Ω과 47 Ω의 것을 대상으로 한다.

2. 표 2의 실험 결과로부터, 7805 IC의 전원조정(line regulation)을 계산하고, 데이터 시트에 있는 사양과 서로 비교하여라.
   단, 전원전압의 변화는 ΔV_{in}은 12[V]−10[V] = 2[V]를 이용한다.

3. 표 3의 $R_{SC}=47[\Omega]$과 $R_{SC}=22[\Omega]$ 각각에 대해 723 IC의 단락회로전류를 계산에 의해서 각각 구하고, 이 계산값과 실험순서 8의 측정값과 비교하여라.

4. 실험 순서 10에 대한 $R_{SC}=0[\Omega]$의 최대 부하전류의 측정값과 데이터 시트에 명시된 최대 부하전류를 서로 비교하고, 오차의 원인을 분석하여라.

실험 18

포토다이오드

1 실험 목적 :

- 포토다이오드의 동작원리와 특성을 이해하도록 한다.
- 포토다이오드와 주변 회로의 연결 방법을 이해하도록 한다.
- 빛의 유무에 따른 포토다이오드의 출력관계를 파악하도록 한다.

2 실험기기 및 재료 :

□ ETS-7000(만능기판)	1개
□ DVM	1개
□ VOM	1개
□ 트랜지스터 2SC3198	1개
□ OP앰프 μA741C	1개
□ 적외선발광다이오드 EL-1L2	1개
□ 포토다이오드 Hp-5FR2	1개
□ 적색 LED TIL-221	1개
□ 저항 1/4 W, 68 Ω, 1 kΩ, 36 kΩ 2 kΩ, 2.2 kΩ, 470 Ω	각 1개
□ 가변저항 20 kΩ	1개
□ 콘덴서 10 μF, 30 V, 전해	1개
□ 부저 DC-3V	1개

3 실험 순서 :

(1) 포토다이오드의 무바이어스 실험

1. 그림 1을 구성하고, SW_1을 OFF시킨 상태에서, $R_L = 1\,\mathrm{k\Omega}$일 경우 부하저항 R_L양단의 전압을 DVM을 이용 V_{out} 측정한다. 표 1에 기록한다.

2. SW_1을 OFF상태에서 포토다이오드 D_2를 손가락으로 잡아 자연광을 차단한 상태에서 출력 V_{out}을 측정한다. 표 1에 기록한다.

3. SW_1을 ON시키고, V_{out}을 측정한다. 표 1에 기록한다.

4. SW_1을 OFF시키고, R_L을 36 kΩ으로 바꾼 후에, 실험과정 1~3을 반복한다. 표 1에 기록한다.

표 1

실 험 과 정	1	2	3
$R_L = 1\,k\Omega$일 경우	[mV]	[mV]	[mV]
$R_L = 36\,\Omega$일 경우	[mV]	[mV]	[mV]

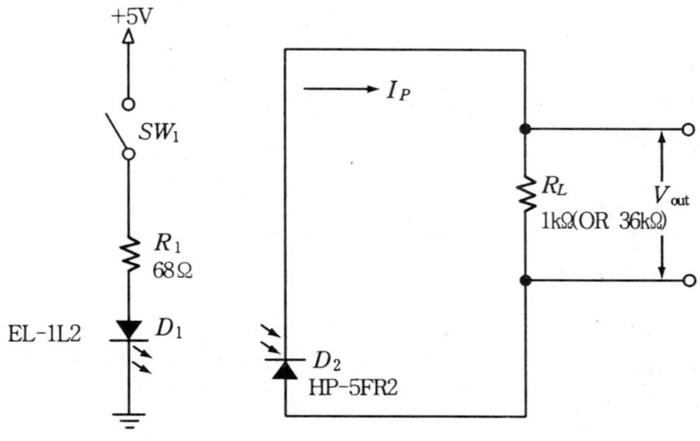

그림 1. 무바이어스 실험회로

(2) 포토다이오드의 트랜지스터와 결합회로

5. 그림 2와 같은 회로를 구성하고, SW_1을 OFF, SW_2를 ON시킨 상태에서 V_{out}를 측정하여 표 2에 기록한다.

6. SW_1을 ON시킨 상태에서 출력 V_{out}를 측정하여 표 2에 기록한다.

7. SW_1, SW_2를 OFF시키고, 출력저항 R_2의 양단에 적색 LED D_3와 부저를 연결한다. 단, Buzzer의 연결시 (+)단자는 Q_1의 이미터에, (−)단자는 GND에 연결한다.

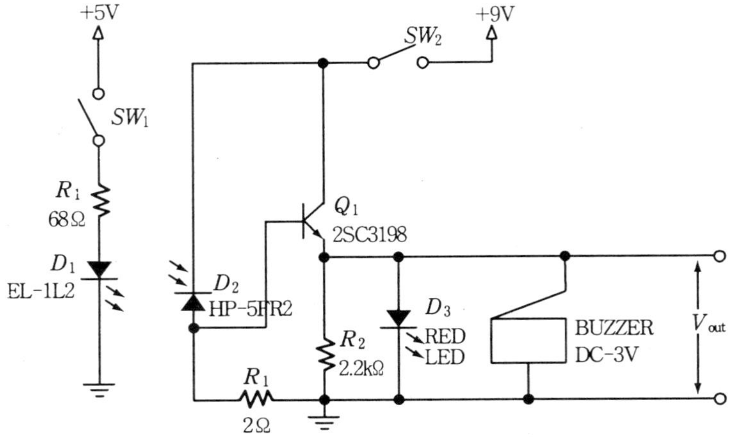

그림 2. 포토다이오드의 트랜지스터와의 결합회로

8. SW_1은 OFF, SW_2를 ON으로 하였을 때 LED D_3와 부저의 동작을 관찰한다. 이 때의 출력전압 V_{out}을 측정하여 표 2에 기록한다.

9. SW_1과 SW_2를 ON시켰을 때 부저 및 LED D_3의 동작을 관찰하고, 이때의 출력전압 V_{out}을 측정하여 기록한다.

10. 적외선 발광다이오드 D_1과 포토다이오드 D_2사이에 종이 등을 넣어 차단시켰을 때 Buzzer와 LED D_3의 동작을 관찰한다.

표 2

실험과정 V_{out}	5 [V]	6 [V]	8 [V]	9 [V]	10 [V]
부저와 LED D_3의 동작여부					

(3) 포토다이오드와 OP앰프와의 결합회로

11. 그림 3과 같이 구성하고, SW_1, OFF, SW_2는 ON상태에서 $VR_4 = 9.0\,\text{k}\Omega$, $VR_4 = 20\,\text{k}\Omega$인 경우에 각각 V_{out}을 측정하여 표 3에 기록한다.

12. SW_1을 ON, SW_2을 ON시킨 상태에서 VR_4의 값이 $9.0\,\text{k}\Omega$과 $20\,\text{k}\Omega$경우에 각각 V_{out}를 측정하여 표 3에 기록한다.

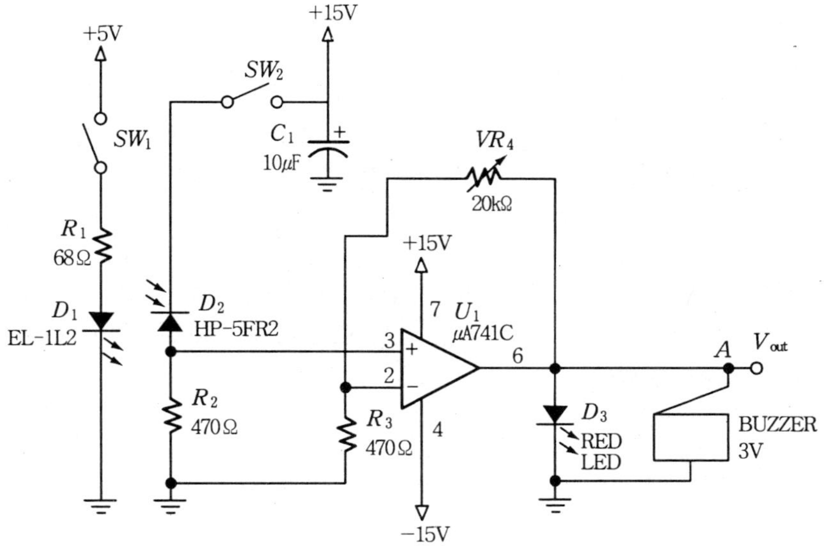

그림 3. 포토다이오드와 OP앰프의 결합회로

13. SW_1과 SW_2를 OFF시킨 후 출력 A점에 적색 LED와 부저를 그림 3과 같이 연결한다.

14. SW_1과 SW_2를 ON시키고 LED D_3와 부저의 동작을 확인한다.

15. 다이오드 D_1과 D_2사이에 종이 등을 이용하여 차단한 경우, 차단하지 않은 경우의 D_3와 부저의 동작을 확인한다.

표 3

실험과정		1	2
V_{out}	$VR_4 = 9.0\,k\Omega$인 경우	[V]	[V]
	$VR_4 = 20\,k\Omega$인 경우	[V]	[V]

실험과정	부저와 LED 동작상태
14	
15	

4 주의 사항 :

1. 적외선 발광다이오드의 D_1의 파장은 904 mm로 적외선이기 때문에 육안으로 확인되지 않는다. 적외선 다이오드 D_1은 최대 순방향 정격전류 $I_{f\max} = 100\,\mathrm{mA}$, 순방향 전압 $V_F = 1.6\,\mathrm{V}$ 이상이 되지 않도록 저항 R_1과 인가전압을 조정해 주어야 한다. 이 정격 이상으로 사용할 때 적외선 발광 다이오드 D_1의 파괴로 인해 정상적인 실험이 수행되지 못한다.

2. 적외선 다이오드 D_1과 포토다이오드 D_2는 가능한 인접되게 배치하여 회로를 연결하고, 특히 적외선 광원인 D_1은 눕힌 상태로 배치하고, 그 높이를 적절히 하여 포토다이오드에서의 수광이 잘되도록 배치하여야 한다.

실험 19 포토트랜지스터

1 실험 목적 :

- 포토트랜지스터의 동작원리와 특성을 이해하도록 한다.
- 포토트랜지스터와 주변 인터페이스회로와의 결합을 통해 특성을 고찰한다.

2 실험기기 및 재료 :

☐ ETS-7000	1개
☐ DVM	1개
☐ VOM	1개
☐ Oscilloscope	1개
☐ 트랜지스터 2SC3198	1개
☐ 적외선 발광다이오드 EL-1KL3	1개
☐ 포토트랜지스터 ST1K-LB	1개
☐ OP 앰프 μA741C	1개
☐ TTL 74LS14, 74LS08	1개
☐ 적색 LED TIL-221	1개
☐ 부저 DC-3V	1개
☐ 저항 68 Ω, 4.7 kΩ, 10 kΩ, 1 kΩ 2.2 kΩ×2개, 3.3 kΩ-1/4 W	각각 1개

3 실험 순서 :

(1) 포토트랜지스터의 이미터 출력회로

1. 그림 1을 구성하고, 적외선 발광다이오드 D_1과 포토트랜지스터 Q_1의 투명창이 서로 마주보도록 눕혀서 ETS-7000에 배치한다. 이때 D_1과 Q_1의 간격은 cm 정도 띄운다.

2. SW_1은 OFF상태에서 SW_2를 ON상태에서 출력전압 V_{out}을 측정하여 표 1에 기록한다.

3. SW_1, SW_2를 ON상태에서 V_{out}을 측정하여 기록한다.

4. A점에 적색 다이오드 D_2를 연결하고, SW_1과 SW_2 ON상태에서 LED의 동작상태를 확인한다.

5. D_1과 Q_1 사이에 종이 등을 이용하여, D_1의 적외선이 Q_1에 전달되지 못하도록 차단하면서 적색다이오드 D_2의 동작을 관찰하자.

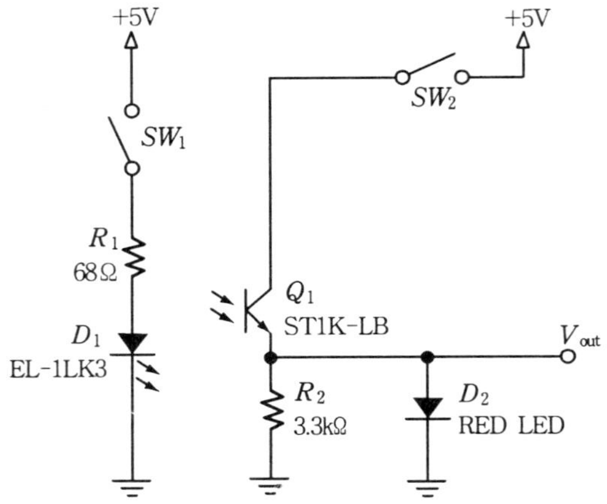

그림 1. 이미터 출력회로

표 1

실 험 과 정	결 과
2	V_{out} = [V]
3	V_{out} = [V]
4	
5	

(2) 트랜지스터에 의한 다알링턴 회로

6. 실험과정 1과 동일형태로 그림 2의 다알링턴 회로를 연결한다.

7. 실험과정 2와 동일하며, 그 결과를 표 2에 기록한다.

8. 실험과정 3과 동일하며, 그 결과를 표 2에 기록한다.

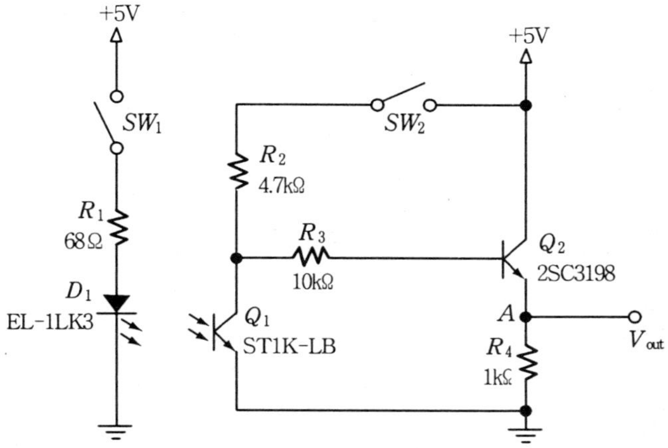

그림 2. 다알링턴 증폭회로

9. 실험과정 4와 동일하며, 표 2에 기록한다.

10. 실험과정 5와 동일하며, 표 2에 기록한다.

표 2

실 험 과 정	결 과
7	V_{out} = [V]
8	V_{out} = [V]
9	
10	

(3) 슈미트 트리거를 사용한 포토트랜지스터 회로

11. 74LS14 슈미티트리거를 이용하여 그림 3의 회로를 연결한다.

12. SW_1을 OFF상태에서 V_{out}을 측정하여 표 3에 기록한다.

13. SW_1과 SW_2을 모두 ON상태로 하여 V_{out}을 측정하여 표 3에 기록한다.

14. A단자에 적색 LED를 부착하여, D_1과 Q_1사이를 차단시켜 가면서 D_2의 동작을 관찰한다.

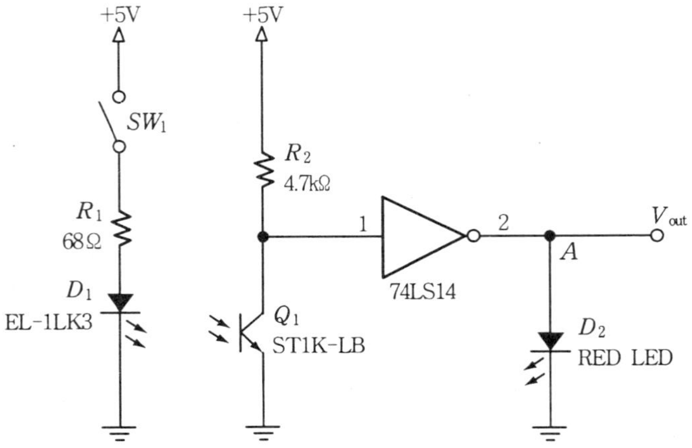

그림 3. 슈미트 회로를 사용한 포토트랜지스터 회로(1)

표 3

실 험 과 정	결　　과
12	V_{out} =　　　　[V]
13	V_{out} =　　　　[V]
14	

15. 그림 3의 포토트랜지스터 부분은 그대로 둔 상태에서, 적외선 발광다이오드의 애노드 단자에 그림 4와 같이 주파수 발생기와 AND게이트를 이용하여 연결한다.

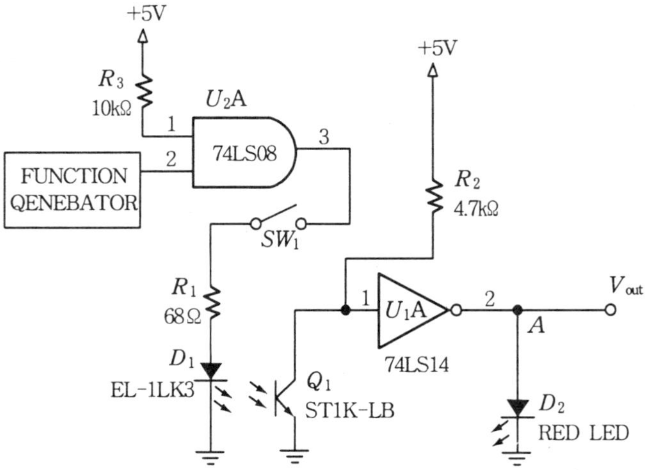

그림 4. 슈미트 회로를 이용한 포토트랜지스터 회로(2)

16. ETS-7000에 있는 주파수 발생기의 TTL 출력을 사용하여 74LS08의 2번에 연결한 상태에서, 주파수를 1 Hz에서 10 Hz 가변하면서 적색 다이오드 D_2의 동작을 관찰한다.

17. 종이로 D_1과 Q_1사이를 차단시켜 가면서 16항 실험을 반복한다.

18. 출력 A단자에 오실로스코프를 연결한다.
주파수 발생기의 발생주파수를 1 kHz, 10 kHz, 100 kHz 등으로 가변시켜 가면서, A점의 V_{out} 파형을 관찰 및 그때의 주파수를 측정한다.

19. D_1과 Q_1사이를 종이 등으로 차단시켜 가면서 18과정의 실험을 반복한다.

표 4

실 험 과 정	결 과
16	
17	
18	
19	

(4) OP Amp를 이용한 포토트랜지스터 회로

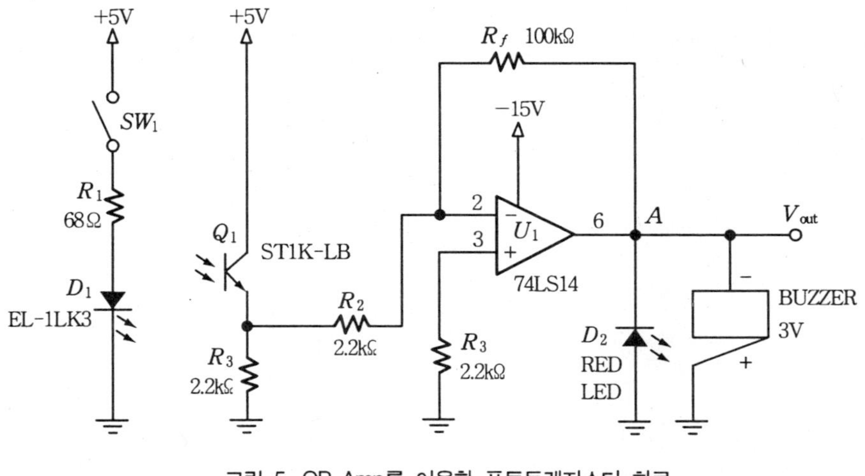

그림 5. OP Amp를 이용한 포토트랜지스터 회로

20. 그림 5와 같이 OP Amp를 이용하여 회로를 구성하고, SW_1을 OFF시킨 상태에서 A점의 출력 V_{out}를 측정하여 표 5에 기록한다.

21. SW_1과 SW_2를 ON시키고, 출력 V_{out}을 측정하여 표 5에 기록한다.

22. A점에 적색 LED와 부저를 그림 5와 같이 연결한다. 이때 LED의 캐소드와 부저의 (-)단자가 A점에 연결되도록 하여야 한다. 그리고 LED와 부저의 동작을 관찰한다.

23. D_1과 Q_1사이를 종이 등으로 차단하면서 적색 LED D_2와 부저의 동작을 관찰한다.

표 5

실 험 과 정	결　　　과
20	V_{out} =　　　　　　　　[V]
21	V_{out} =　　　　　　　　[V]
22	
23	

4 검토 사항 :

1. 표 1, 2, 3, 4, 5의 결과를 검토하며, 각각의 포토트랜지스터 응용에 대해 장단점을 검토하여라.

2. 포토다이오드와의 비교하여라

3. 포토트랜지스터의 응용분야에 대해 각 회로 특성에 맞추어서 검토하여라.

실험 20

CdS 광도전 셀

1 실험 목적 :

- CdS 광도전 셀의 동작원리를 파악하여 그 특성을 이해하도록 한다.
- CdS 광도전 셀의 인터페이스를 통해 응용회로를 숙지한다.
- CdS 저항값과 조도의 관계를 실험을 통해 확인하도록 한다.

2 실험기기 및 재료 :

□ ETS-7000	1개
□ DVM	1개
□ VOM	1개
□ CdS센서 SR14	1개
□ 트랜지스터 2SC3198	2개
2SA562	1개
□ 적색LED TIL-221	1개
□ 제너다이오드 1N4740	1개
□ 부저 DC-3V	1개
□ 콘덴서 3.3 μF, (10V, 전해)	1개
□ 저항 10 kΩ, 4.7 kΩ, 22 kΩ, 3.3 kΩ 15 kΩ, 1 kΩ, 470 Ω-1/4 W	각 1개

3 실험 순서 :

(1) CdS 셀의 기본 특성실험

1. 그림 1의 CdS셀을 자연광에 있는 상태에서 양단자를 DVM의 저항계를 이용하여 저항을 측정 한다. 표 1에 그 저항을 기록한다.

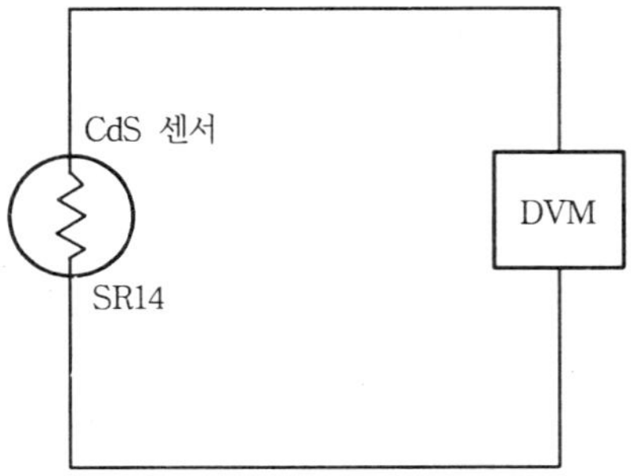

그림 1. Cds의 기본특성 실험회로

2. CdS셀의 투명창을 종이 등으로 덮어 차단한 상태에서 저항값을 측정한다.

3. CdS셀을 완전히 손등으로 감싸서 빛이 전혀 들어가지 않도록 차단해보자. 이 때의 저항값을 측정한다.

4. CdS셀의 투명창에 플래쉬 등을 이용하여 빛을 비춘 상태에서 저항을 측정한다.

표 1

실 험 과 정	결 과
1	[Ω]
2	[Ω]
3	[Ω]
4	[Ω]

(2) 밝아지면 부저 및 적색 LED가 동작하는 회로

5. 그림 2와 같이 회로를 구성하고, Tr Q_3의 출력단에 부저와 LED를 연결한다.

6. 전원을 ON시킨 상태에서, 가변저항 VR_4를 조정하여 부저와 LED가 동작하기 시작하는 값으로 조정한다. DVM을 이용하여 VR_4의 양단에 걸리는 전압 E_s를 측정하여 표 2에 기록한다.

7. CdS셀인 SE14의 투명창을 엄지손가락으로 가려, 자연광을 차단하였을 경우에도 부저와 LED가 동작하는가 관찰한다.

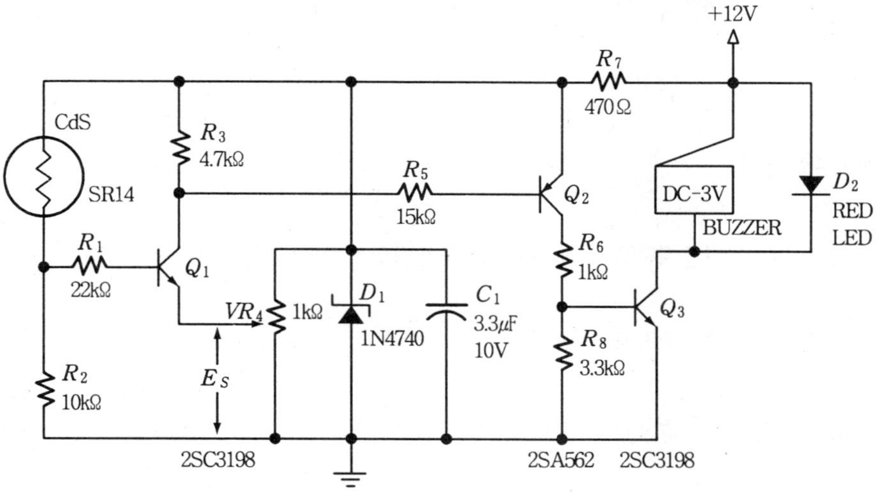

그림 2. 밝아지면 부저와 LED가 동작하는 회로

8. CdS셀의 투명창을 차단하였을 경우와 차단하지 않았을 경우 각각 CdS양단에 걸리는 전압을 각각 측정한다. 표 2에 기록한다.

표 2

실 험 과 정	결 과
6	
7	
8	

4 검토사항

1. 실험 (1)의 결과를 검토해보면 빛의 양과 CdS의 저항값은 어떤 관계가 있는가.

2. 실험 (2)에서 가변저항 VR_4를 가변시키면, 전체회로의 동작특성은 어떻게 달라지는가.

3. 빛의 양에 따라 저항값이 변하는 특성을 이용한 응용회로에 대해 연구검토 해본다.

실험 21

포토인터럽터

1 실험 목적 :

- 포토인터럽터의 기본개념을 이해하여 그 응용범위를 고찰하도록 한다.
- 포토인터럽터와 주변소자와의 연결방법을 숙지한다.
- 포토인터럽터의 출력특성을 실험을 통해 확인하도록 한다.

2 실험기기 및 재료 :

□ ETS-7000	1개
□ DVM	1개
□ VOM	1개
□ 포토인터럽터 TLP 850	1개
□ 트랜지스터 2SA 1266	1개
□ 적색LED TIL-221	1개
□ 부저 DC-3V	1개
□ 저항 220 Ω, 4.7 kΩ, 470 Ω, 10 kΩ 1 kΩ, 1/4 W	각 1개

3 실험 순서 :

(1) 컬렉터 출력형식 포토 인터럽터회로

1. 그림 1의 회로를 구성하고, VOM으로 V_{out}을 측정하여 표 1에 기록한다.
전원인가시 R_1의 값을 확인하여, 포토인터럽터의 최대순방향 전류 $I_{f\max}$ 값을 넘지 않도록 해 주어야 한다. 이 최대값을 넘는 경우 인터럽터의 포토다이오드가 파괴되므로 주의해야 한다.

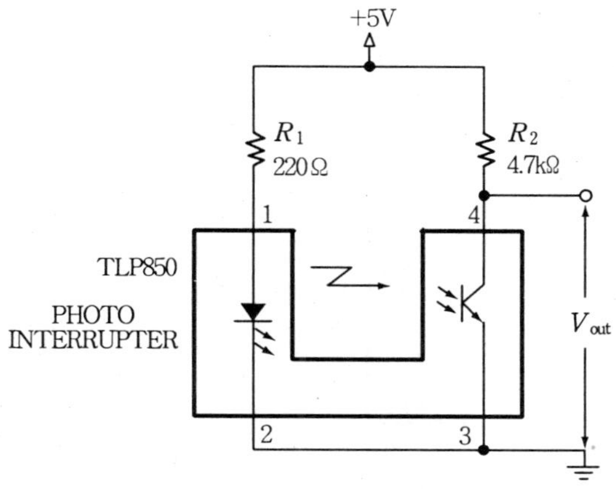

그림 1. 컬렉터 출력형식 포토 인터럽터회로

2. 슬리트이에 종이 등을 이용하여 차단한 후에 V_{out}을 측정한다. V_{out}의 전압과 빛의 유무하고 어떤 관계가 있는지 검토한다.

표 1

실 험 과 정	결 과
1	V_{out} = [V]
2	V_{out} = [V]

(2) 이미터 출력회로

3. 그림 2의 회로를 연결하고, 전원을 인가한다.
   이미터 출력인 저항 R_2의 양단에 걸리는 전압 V_{out}을 측정하여 표 2에 기록한다.

4. 포토인터럽터 사이의 슬릿에 종이를 삽입한 후 V_{out}을 측정한다. 여기서의 결과와 실험과정 2의 결과를 비교하여 어떤 차이가 있는가 검토한다.

5. R_2와 병렬로 그림 2와 같이 부저와 적색 LED를 연결한 후 슬릿을 차단시켜 보자. 이때의 부저와 LED의 동작을 관찰한다.

6. 전원을 OFF하고 DVM을 사용하여 저항 R_2에 흐르는 전류를 측정할 수 있도록 결선한다. 전원을 ON한 후 슬릿을 막았을 때의 전류와 막지 않았을 때의 전류를 각각 표 2에 기록한다.

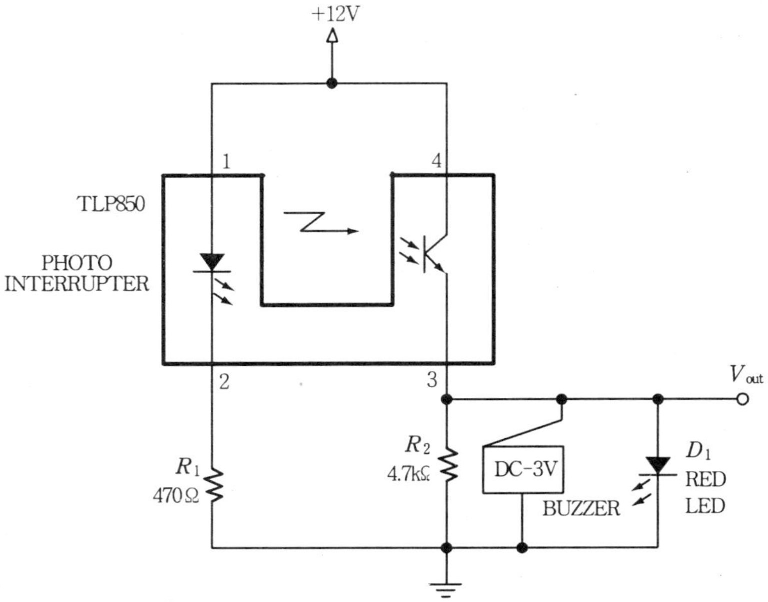

그림 2. 이미터 출력형식 포토인터럽터 회로

표 2

실 험 과 정	결 과
3	V_{out} = [V]
4	V_{out} = [V]
5	
6	슬릿을 차단시 I = [mA] 슬릿을 차단하지 않을때 I = [mA]

(3) 출력이 큰 포토인터럽터 회로

7. 그림 3과 같이 트랜지스터를 사용하여 연결하고, 전원인가 후 출력 V_{out}을 측정하여 표 3에 기록한다.

8. 포토인터럽터의 슬릿사이에 종이를 넣어 차단시 출력 V_{out}을 측정한다.

9. A점을 분리하여 전류계를 연결한 후 슬릿을 차단시와 차단하지 않을 경우의 전류를 측정한다.

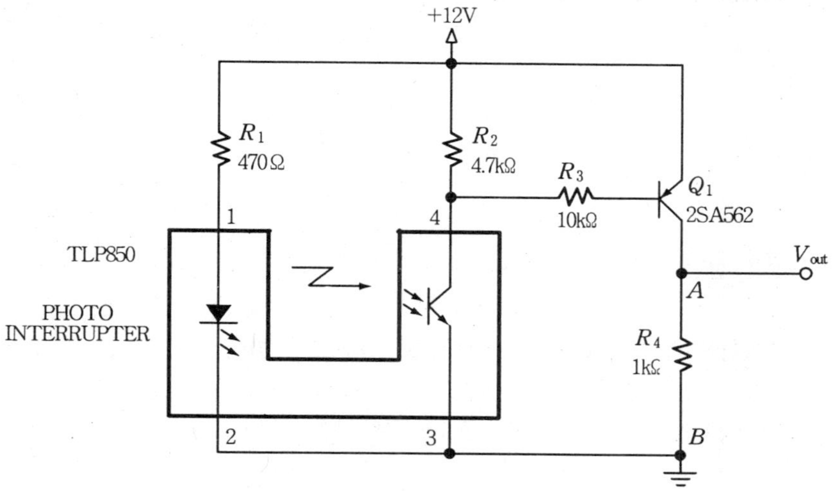

그림 3. 출력이 큰 회로

10. 저항 R_4와 병렬로 부저와 적색 LED를 연결한 후, 슬릿을 차단해 가면서 부저와 LED의 동작을 관찰한다.

표 3

실 험 과 정	결　　과
7	$V_{out} =$ [V]
8	$V_{out} =$ [V]
9	슬릿을 차단시 $I =$ [mA] 슬릿을 차단하지 않을때 $I =$ [mA]
10	

4 검토 사항 :

1. 컬렉터 출력회로와 이미터 출력회로의 차이점 및 응용회로에 대해 검토하여라.

2. 그림 2와 그림 3의 측정 전류를 비교하여 장단점을 비교하여라.

3. 포토인터럽터의 실험결과를 통해 구체적인 응용분야와 방법에 대해 검토하여라.

4. 포토인터럽터를 이용할 때 주의할 점에 대해 검토하여라.

실험 22

홀소자 및 홀 IC

1 실험 목적 :

• 홀소자의 동작 특성을 실험을 통해 이해한다.

• 홀소자의 응용회로 실험을 통해 자동화의 기초회로를 습득하도록 한다.

• 홀 IC의 기본 개념을 파악하도록 한다.

2 실험기기 및 재료 :

□ ETS-7000	1개
□ DVM	1개
□ VOM	1개
□ 홀센서 HW 200A	1개
□ 홀IC DN 6838	1개
□ OP엠프 UA741C	1개
□ 막대자석	1개
□ 부저 DC-3V용	1개
□ 적색 LED TIL221	1개
□ 저항 10 kΩ, 100 kΩ-1/4 W	각 2개
1 kΩ, 470 Ω, 4.7 kΩ-1/4 W	각 1개

3 실험 순서 :

(1) 홀소자의 기본회로

1. 홀소자는 반도체 소자로 소형이기 때문에 ETS-7000에 직접 삽입이 불가능하다. 홀소자 HW200A의 4pin에 리드선을 이용하여 납땜한 후 Bread Board에 접속한 후 실험 1의 회로를 결선한다.

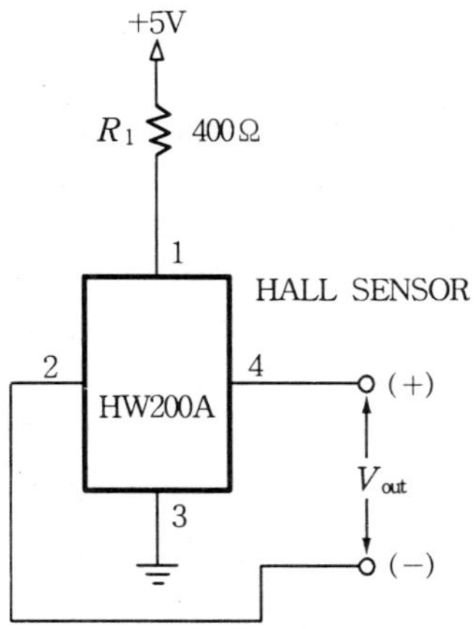

그림 1. 홀소자의 기본회로

2. 전원인가 후 홀소자 HW-200A의 출력 단자인 2번과 4번핀의 전압 V_{out}을 측정하여 표 1에 기록한다.

3. 막대자석의 N극을 HW-200A의 C라고 표시되어 있는 위치에 약 mm정도로 근접시켰을 때의 출력전압 V_{out}을 측정하여 기록한다.

4. 막대자석의 S극을 이용하여 3의 과정을 실행했을 때의 출력전압 V_{out}을 측정하여 기록한다.

5. R_1저항을 4.7K로 바꾼 후, 3, 4과정을 반복하여 표 1에 기록한다.

표 1

실 험 과 정	결 과
2	V_{out} = [mV]
3	V_{out} = [mV]
4	V_{out} = [mV]
4	N극시 V_{out} = [mV] S극시 V_{out} = [mV]

(2) 홀소자와 OP Amp를 사용한 LED 부저 구동회로

6. 그림 2와 같이 홀소자 HW200A와 OP AMP μA741C를 이용하여 회로를 구성한다.
   출력단에는 부저와 적색 LED를 연결한다.

7. 전원을 인가하고 V_{out} 을 측정하여 표 2에 기록한다.

8. 막대자석의 S극을 HW200A의 Cans자가 표시된 곳에 약 2 mm정도로 근접시켰을 때의 V_{out} 을 측정하고, 부저와 LED의 동작을 관찰한다.

9. 실험 8의 과정 후 막대자석을 천천히 홀소자에서 멀리해 보자. 또 가까이 해 보자. 이 때 LED와 부저의 동작을 관찰한다.

10. 막대자석의 N극을 이용하여 실험과정 8을 반복한 후 그 결과를 표 2에 기록한다.

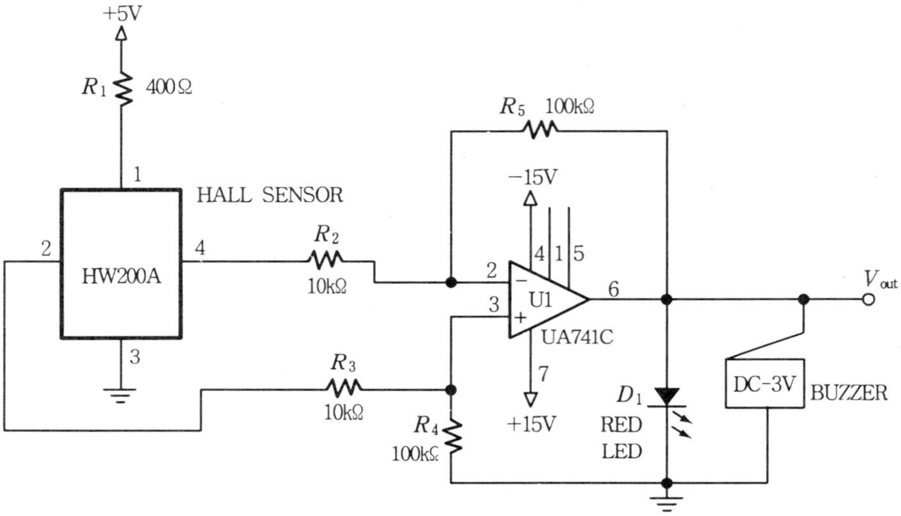

그림 2. OP Amp를 이용한 홀소자 회로

표 2

실 험 과 정	결 과
7	V_{out} = [V]
8	V_{out} = [V] 부저, LED상태:
9	
10	V_{out} = [V] 부저, LED상태:

(3) 홀IC를 이용한 회로

11. 그림 3과 같이 홀IC DN6838을 이용하여 회로를 구성한 후 전원을 인가한다. 이때의 출력 전압을 측정하여 표 3에 기록한다.

12. 막대자석을 N극으로 하여 DN6838의 마크가 표시된 반대쪽에 2 mm정도로 가까이 하였을 때의 V_{out}을 측정하여 기록한다.

13. 자속밀도가 큰 다른자석을 이용하여 12의 과정을 반복하여 출력전압 V_{out}을 측정한다. 이때의 LED의 동작을 관찰한다.

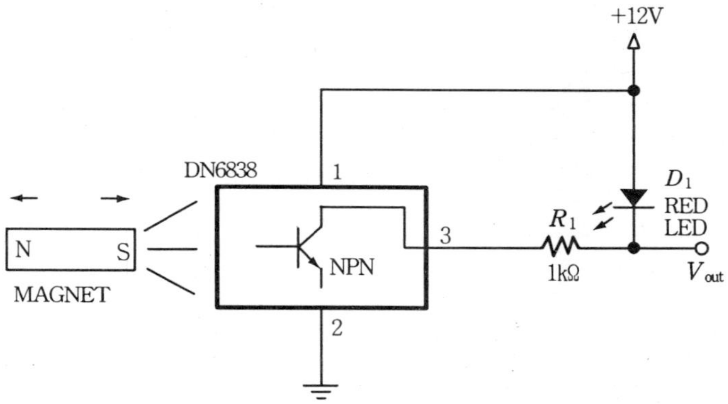

그림 3. 홀IC의 기본회로

표 3

실 험 과 정	결 과
11	V_{out} = [mV]
12	V_{out} = [mV]
13	V_{out} = [V]

4 검토 사항 :

1. 실험 (1)의 결과를 통해 홀소자의 출력 전압 크기에 직접 영향을 주는 요소는 무엇인가 홀효과를 이용하여 검토한다.

2. 홀소자에 N극, S극을 바꾸었을 때 V_{out}이 어떻게 달라지는가를 검토하고, 이것은 홀효과의 어

떤 특징 때문에 나타나는가를 검토하여라.

3. 홀IC의 장점은 홀소자에 비해 어떤 것이 있는가 검토하여라.

4. 홀소자 및 홀IC의 사용상 주의할 점은 무엇인가? (설계를 중심으로)

5. 홀소자와 홀IC의 응용분야에 대해 검토하여라.

실험 23

온도센서

1 실험 목적 :

• 온도센서의 특성과 기능에 대하여 살펴보도록 한다.

• 서미스터의 동작회로와 인터페이스회로와의 관계를 확인한다.

• IC 온도센서의 응용회로 구성을 통해 출력관계를 확인한다.

2 실험기기 및 재료 :

□ ETS-7000	1개
□ 접촉식 디지털 온도계	1개
□ 서미스터 2KD-5(NTC), 6KD-5(NTC)	각 1개
10KD(PTC)	1개
□ IC화 온도센서 AD 590(전류출력)	1개
LD 350(전압출력)	1개
□ OP AMP μA741C	1개
□ 드라이기	1개
□ 적색LED TIL-221	1개
□ 부저 DC-3V	1개
□ 가변저항 1kΩ, 5kΩ	각 1개
□ 저항 940Ω, 470Ω, 1kΩ, 2.2kΩ	
3kΩ, 3.3kΩ, 27kΩ, 91kΩ-1/4W	각 1개
□ VOM	1개
□ DVM	1개

3 실험 순서 :

(1) 서미스터의 특성 실험

1. VOM의 저항계를 이용하여 서미스터의 양단자에 걸리는 저항을 상온에서 측정하여 표 1에 기록한다.

2. 서미스터에 저항계를 연결한 상태에서 서미스터를 손가락을 잡았을 경우의 저항값을 측정하여 표 1에 기록한다.

표 1

실 험 과 정	2KD-5(NTC)	6KD-5(NTC)	10KD
1			
2			

(2) 온도변화에 따른 서미스터의 특성실험

3. 그림 1과 같이 서미스터와 저항 R_1을 직렬 연결한다. 서미스터에는 2KD-5를 사용하고, 접착식 디지털 온도계를 서미스터에 부착하여 서미스터 온도를 관찰할 수 있게 구성한다.

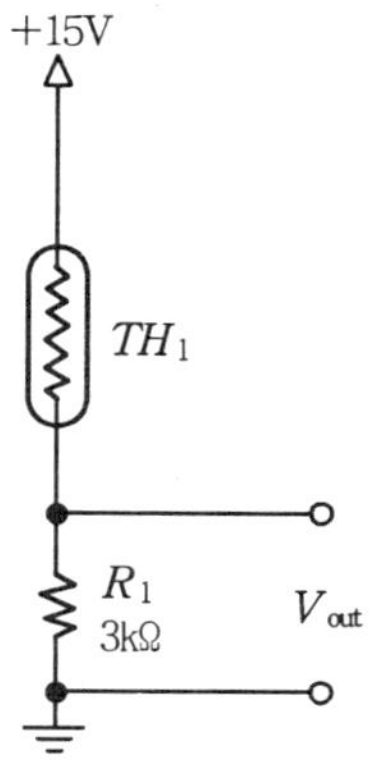

그림 1. 서미스터 온도변화에 따른 특성 실험회로

4. 서미스터의 리드선에 가열드라이기를 이용하여 서미스터를 가열하면서 상온(25℃)에서부터 70℃까지 온도를 증가시켜 가면서 저항 R_1의 양단에 걸리는 전압을 표 2에 기록한다.

5. 서미스터를 6KD-5, 10KD로 각각 교환한 후에 실험과정 4를 반복하여 표 2에 기록한다.

표 2

서미스터의온도 / 서미스터	25℃	40℃	50℃	60℃	70℃
2KD-5(NTC)	V_{out} = [V]	[V]	[V]	[V]	[V]
6KD-5(NTC)	V_{out} = [V]	[V]	[V]	[V]	[V]
10KD(PTC)	V_{out} = [V]	[V]	[V]	[V]	[V]

(3) 설정온도가 되면 부저와 LED가 동작하는 회로

6. 그림 2와 같은 회로를 구성하고, 서미스터에 접촉식 디지털 온도계를 부착하여 서미스터의 온도를 읽을 수 있도록 구성한다.

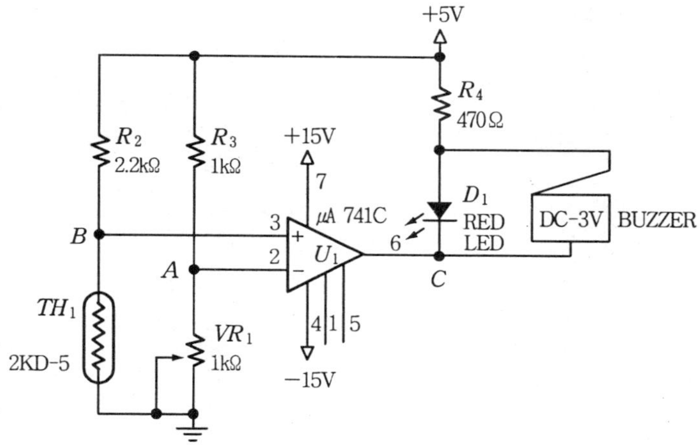

그림 2. 설정온도가 되면 부저와 LED가 동작하는 회로

7. 전원 인가 후 가변저항 VR_1을 조정하여 A점의 전압이 약 1.35V가 되도록 조정한다. C점의 전압 V_C를 측정하여 표 3에 기록한다.

8. 서미스터의 한쪽 리드선을 드라이기로 가열하여, LED와 부저가 동작하는 순간의 온도와 그때의 V_C을 측정하여 기록한다.

9. A점의 전압이 약 0.60[V]가 되도록 VR_1을 조정한다.

10. 실험과정 8을 수행하여 그때의 온도와 V_C을 측정한다.

11. A 점의 전압을 약 0.35[V]가 되도록 VR_1을 조정한 후 실험과정 8을 수행하여 기록한다.

표 3

실 험 과 정	결 과
7	V_C = [V]
8	부저와 LED 동작온도 = [℃] V_C = [V]
10	부저와 LED 동작온도 = [℃] V_C = [V]
11	부저와 LED 동작온도 = [℃] V_C = [V]

(4) 전류출력형 IC 온도센서 실험

12. 그림 3의 회로를 연결하고, IC온도센서의 표면에 접촉식 디지털 온도계를 부착하여 온도를 측정 가능하게 하고, DC전류계는 수백 μA까지 측정가능한 범위로 설정한다.

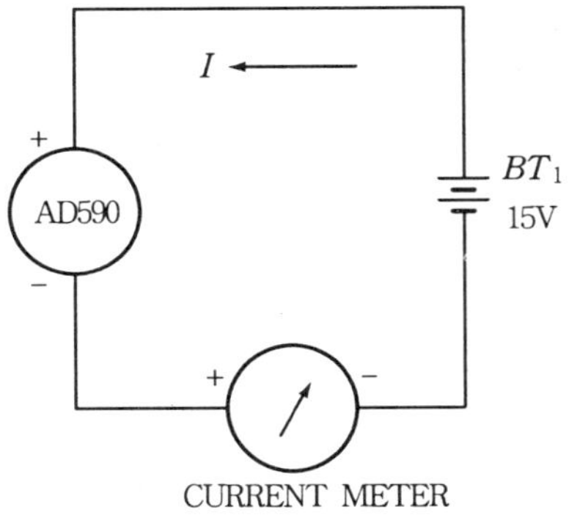

그림 3. 전류형 IC 온도센서 특성 실험회로

13. 상온에서 전류계에 흐르는 전류 값을 측정하고, 드라이기 등으로 AD590의 lead선을 가열하여 온도를 측정하면서, 그때의 전류 값을 표 4에 기록한다.

표 4

IC의 접촉온도	25℃	40℃	50℃	60℃	70℃	80℃	90℃	100℃
흐르는 전류[μA]								

(5) AD590 및 저항을 사용한 전압출력회로

14. 접촉식 온도계를 AD590에 접촉한 그림 4의 회로를 구성한다.

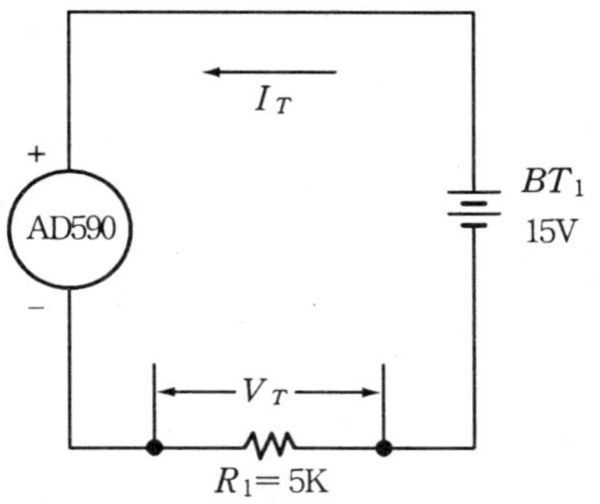

그림 4. AD590의 기본회로

15. 드라이기로 AD590의 Metal Case를 가열하면서, 그때의 AD590의 온도와 R_1에 걸리는 전압을 측정하여 표 5에 기록한다.

표 5

IC의 온도	25℃	40℃	50℃	60℃	70℃	80℃	90℃	100℃
V_T[V]								

(6) AD590을 이용한 1점 조정 전류출력 회로(1mV/°K)

16. 그림 5와 같이 AD590에 접촉식 디지털 온도계를 연결하고, 출력 V_{out} 단자에 DVM을 연결하여 DC전압을 측정할 수 있도록 회로구성을 한다.

17. 전원을 인가한 후 출력전압 V_{out}과 AD590의 온도를 읽는다. 가변저항 VR_1을 조정하여 현재 온도를 절대온도로 변환한 것에 맞도록 출력 전압을 조정한다. 즉, 현재 온도 25인 경우에는 25℃+273℃=298°K 이므로 298°K×1mV/°K=298[mV]가 출력전압이 되도록 가변저항 VR_1을 조정한다. 이후에 이 가변저항 VR_1은 변경하지 않는다.

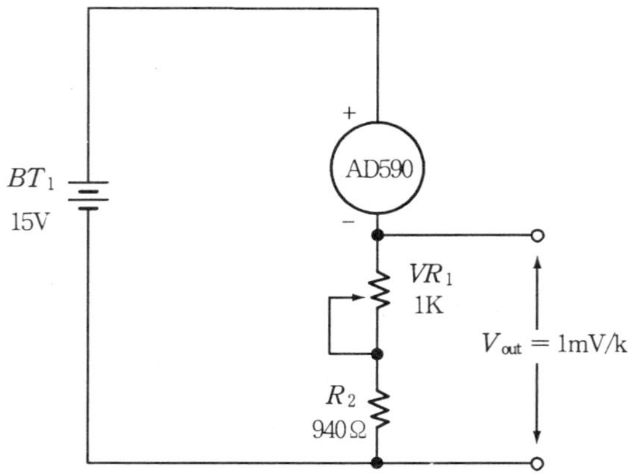

그림 5. AD590을 이용한 1점 정 전압 출력회로

18. AD590의 Metal Case를 드라이기로 가열하면서 그때의 온도와 출력전압을 측정한다. 그 결과는 표 6에 기록한다.

표 6

AD590의 온도	[℃]	25℃	40℃	50℃	60℃	70℃	80℃	90℃	100℃
	[°K]	298	313	323	333	343	353	363	373
V_{out}		[mV]	[mV]	[mV]	[mV]	[mV]	[mV]	[mV]	[mV]
오차									

(7) AD590을 이용한 2점 조정 전류출력 회로(0.1V/°K)

19. 그림 6과 같이 접촉식 온도계를 AD590에 접착한 후 회로를 구성한다. VOM의 전압계를 출력단자 A 점에 연결 한 후 전원을 ON한다.

20. 온도계의 눈금을 읽어, 온도계의 지시하는 온도(℃)에 0.1을 곱한 전압이 출력되도록 가변저항 VR_3을 조정한다. 즉, 25℃인 경우에는 2.5V, 그 온도가 26℃인 경우가에는 2.6V가 되도록 조정한다. 이후 실험동안 이 가변저항 VR_3는 변화시키지 않는다.

21. 드라이기로 AD590의 Metal Case를 가열하면서 온도계가 눈금이 100℃를 가리킬 때, VR_2를 조정하여 A점의 출력전압이 10V가 되도록 가변저항 VR_5를 조정한다. 이후 이 VR_2도 가변시키지 않는다.

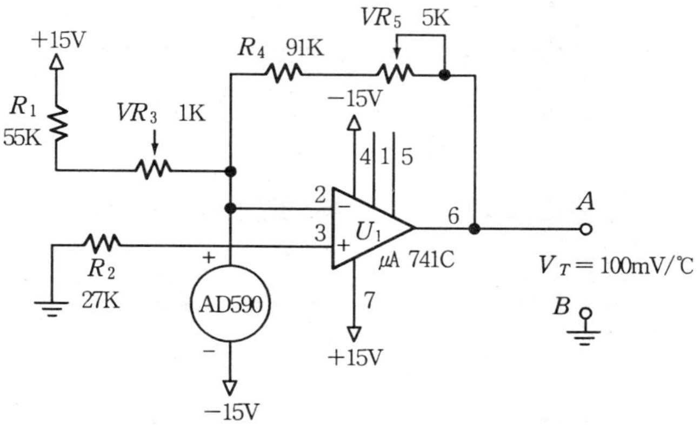

그림 6. AD590을 이용한 2점 조정 전압출력회로

22. AD590의 온도가 다시 상온으로 될 때까지 기다렸다가 드라이기로 가열시키면서 그때의 온도 눈금과 전압계에 의한 출력전압을 측정한다. 그 결과를 표 7에 기록한다.

표 7

AD590의 온도	25℃	40℃	50℃	60℃	70℃	80℃	90℃	100℃
출력전압	2.5V							

(8) 전압출력형 온도 IC 센서실험

23. 그림 7과 같이 접촉식 온도계를 LM350D에 부착한 상태에서 출력 V_{out}에 전압계를 연결한다.

24. 드라이기로 LM35D의 패키지를 가열시키면서 그때의 온도값과 출력전압을 측정한다. 그 결과를 표 8에 기록한다.

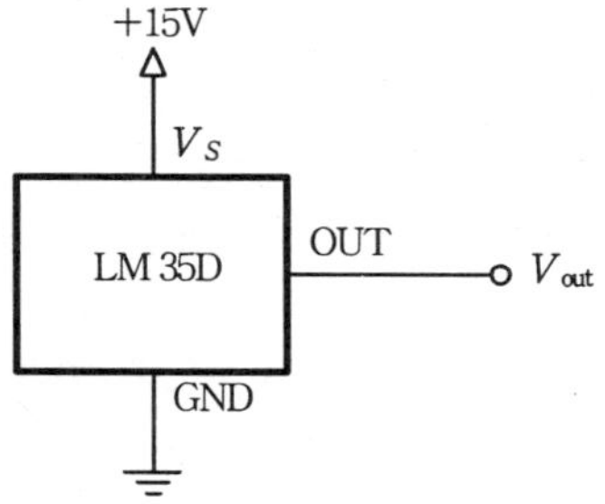

그림 7. 전압출력형 온도 IC센서 실험회로

표 8

LM35D의 온도	25℃	40℃	50℃	60℃	70℃	80℃	90℃	100℃
V_{out}								

(9) 전압출력형 IC온도센서를 이용한 부저와 LED 제어회로

25. 그림 8과 같이 접촉식 온도계를 부착한 LM35D를 이용하여 회로를 구성한다.

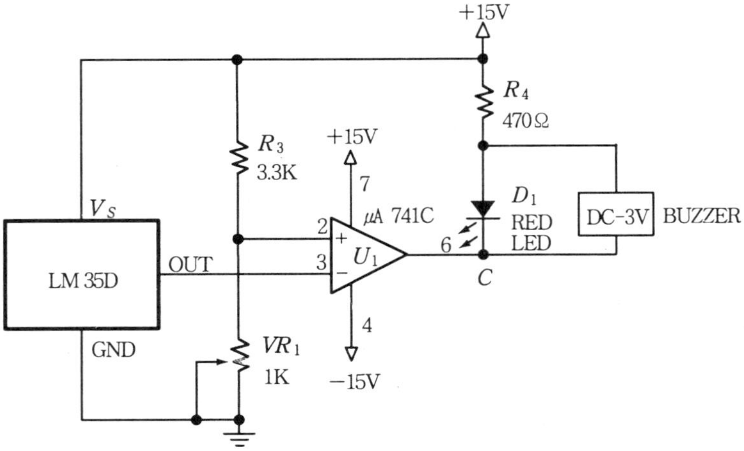

그림 8. 전압출력형 IC 온도센서를 이용한 부저 및 LED동작회로

26. 가변저항 VR_1을 이용하여 OP엠프의 3번 전압이 300mV가 되도록 조정한다.

27. LM35D를 드라이기로 가열하여 LED가 ON되고, 부저가 동작하는 순간의 온도를 측정하여 표 9에 기록한다.

28. VR_1을 가변하여 OP엠프의 3번 전압이 약 500mV가 되도록 한 후 실험과정 27을 반복한다.

29. VR_1을 가변하여 OP엠프의 3번 전압이 약 700mV가 되도록 한 후 실험과정 27을 반복한다.

표 9

실험과정	27	28	29
부저와 LED 동작시 온도	[℃]	[℃]	[℃]

4 검토 사항 :

1. 서미스터의 실험 결과를 통해 서미스터는 어떤 특징이 있으며, 종류가 있는가에 대해 검토한다.

2. 서미스터의 NTC, PTC 각각에 대한 응용예를 연구해보고, 회로도 구현해 본다.

3. IC형 온도센서의 출력에는 전압출력형, 전류출력형이 있는데 각각을 비교하고, 응용상의 차이점에 대해 검토한다.

4. 실험 6의 1점 조정법에 의한 절대온도계와 실험 7의 2점 조정법에의한 전압출력 온도계의 차이점은 무엇인가? 또한 실제 온도와 출력전압간의 약간의 오차가 있는데 이의 보정 방법에 대해 연구한다.

5. IC 온도센서에 의해 측정전 전압을 이용하여, 온도로 변환하고, 그 결과를 이용하여 컴퓨터나 마이크로 프로세서 등을 이용하여 특정시스템의 제어를 하고자 할 때 구성방법과 필요한 회로에 대해 검토한다.

실험 24

습도센서

1 실험 목적 :

- 습도센서의 동작특성을 확인하도록 한다.
- 습도센서와 인터페이스회로간의 연결방법 및 동작내용을 숙지하도록 한다.
- 습도와 센서간의 비례 관계를 실험을 통해 확인하도록 한다.

2 실험기기 및 센서 :

☐ ETS-700	1개
☐ DVM	1개
☐ VOM	1개
☐ 오실로스코프	1개
☐ 습도센서 H204C	1개
☐ OP AMP μA741C	1개
☐ 다이오드 IS1588	1개
☐ 서미스터 6KD-5(NTC)	1개
☐ 콘덴서 10μF(세라믹)	1개
☐ 저항 33kΩ-1/4W	1개
☐ 기타 테이프, 습도센서를 씌울 수 있는 작은 비닐봉지	

3 실험 순서 :

(1) 습도센서 특성실험(1)

1. 그림 1과 같이 습도센서를 이용하여 회로를 구성한다. 이때 습도센서는 뒤의 실험과정을 용이하게 하기 위해, 일반선을 이용하여 리드단자에 납땜하여 높게 설치한 후 Bread Bread에 삽입한다.
   주파수 발생기를 조정하여 정현파, 1㎑, 진폭이 3.0 V가 되도록 조정한 후 OP AMP의 2번 단자에 연결한다.

2. 전원을 ON시킨 후, 출력단자 V_{out}의 V_{P-P}측정을 하고, 전원을 OFF시킨 후, DVM을 AC전압모드로 놓아 V_{rms}값을 측정하여 표 1에 기록한다.

3. 작은 비닐봉지(약 7 cm×5 cm)에 입김을 세게 불어넣은 후, 습도센서 H204C를 넣고 테이프 등을 붙어 밀폐시킨다.

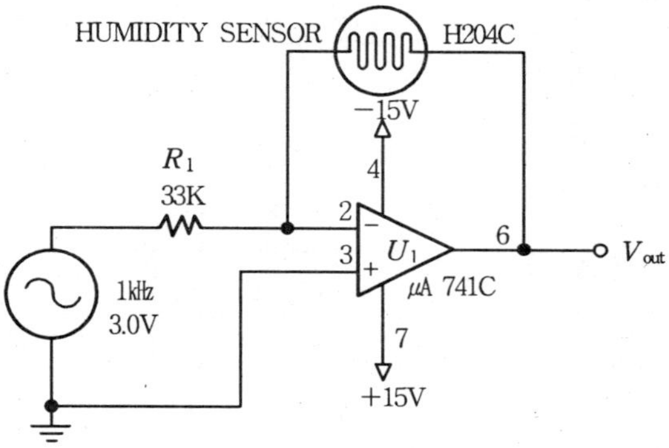

그림 1. 습도센서 특성 실험 회로

4. 다시 전원을 넣고 약 2분 후에 2의 과정과 같은 방법으로 측정하여 표 1에 기록한다.

5. 약 5분 경과 후에 2의 과정을 반복한다.

6. H204C에 씌웠던 비닐봉지를 제거한 후에 스코프에 나타나는 파형을 관찰하자. 약 5분정도 경과 후에 2의 과정에 의해 V_{out}을 측정한다.

표 1

실 험 과 정		2	4	5	6
출력 V_{out}	V_{rms}				
	V_{P-P}				

(2) 습도센서 특성 실험(2)

7. 그림 2의 회로를 연결하고, V_{out} 단자에 오실로스코프와 DVM을 ACV모드로 하여 V_{P-P} 측정 및 V_{rms} 값을 측정하여 표 2에 기록한다.

8. 실험 1에서 사용했던 비닐봉지에 입김을 세게 불어넣고, 습도센서를 넣은 상태에서 봉한다. 약 4~5분 경과하여 출력파형이 더 이상 변하지 않고 안정되었을 때 V_{out} 을 측정하여 기록한다.

9. H204C 습도센서를 밀폐시켰던 비닐봉지를 제거한 후 스코프를 이용해 출력파형이 변화하는 모습을 관찰해보자. 일정한 시간이 경과된 후 V_{out} 을 측정해보자.

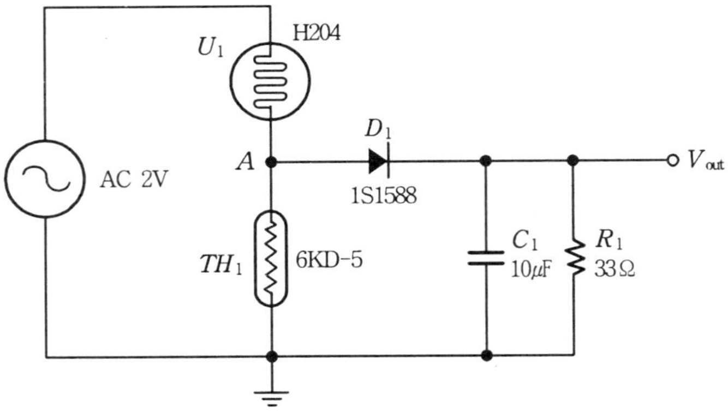

그림 2. 습도센서 특성실험(2)

표 2

실 험 과 정		2	4	5	6
출력 V_{out}	V_{rms}				
	V_{P-P}				

4 검토 사항 :

1. 실험을 통해 습도센서는 상대습도를 측정하는 것을 알 수 있는데, 절대습도는 어떤 방식으로 측정이 가능하겠는가 검토한다.

2. 습도센서의 구동을 위해 AC파형의 공급이 필요한 데 그 이유에 대해 검토한다.

3. 실험 1과 실험 2를 통해서 습도센서의 응답시간은 대략 어느정도라고 예상되는가.

4. 실험 1과 실험 2의 결과를 통해서 본 실험에 사용된 습도는 상대습도(Relative Humidity)에 따라 저항성분이 어떻게 달라지는 것을 알 수 있는가.

5. 자기가 담당하는 업무와 유관한 분야에 이 습도센서를 적용하거나 응용할 분야가 있는지에 대해 검토한다.

실험 25

초음파 센서

[1] 실험 목적 :

- 초음파 센서에 대한 동작특성을 이해하도록 한다.
- 초음파 센서와 주변소자의 인터페이스 방법을 숙지하도록 한다.
- 초음파와 센서간의 출력특성을 파악하도록 한다.

[2] 실험기기 및 재료 :

□ ETS-7000	1개
□ DVM	1개
□ VOM	1개
□ 초음파센서 MA40LIS, MA40LIR	1조
□ TTL 4069	1개
□ OP AMP RC 4558	1개
□ 적색 LED TIL-221	1개
□ 콘덴서 0.0047μF, 0.1μF	각 1개
□ 저 항 2.2kΩ, 3.3kΩ, 10kΩ, 300kΩ	각 1개
□ 오실로스코프	1개

[3] 실험 순서 :

(1) 물체를 가까이 할 경우 LED가 점등하는 회로

1. 그림 1과 그림 2같은 발신부, 수신부를 구성한다. 발신부에 사용되는 40㎑의 클럭은 function generator의 TTL출력으로 구형파를 사용한다.

2. 초음파의 발신부와 수신부 센서는 약 1cm 미만의 간격으로 같은 높이로 나란히 배치하여, 움직이지 않도록 테이프등으로 고정시켜서 물체의 검지를 용이하게 구성한다.

3. 전원을 ON시킨 후 스코프를 이용하여 발신부인 그림 1의 A점의 파형을 관찰하고 V_{P-P} 전압을 측정한다. 이 파형과 피크전압을 표에 기록한다.

4. 스코프의 수직출을 0.1 mV/Div로 전환한 후 수신부인 그림 2의 B점의 파형을 관찰하여 피크치의 값과 함께 기록한다.

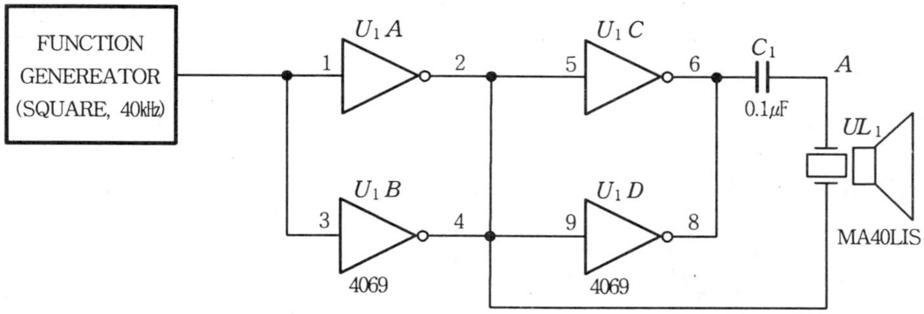

그림 1. 발신부 회로

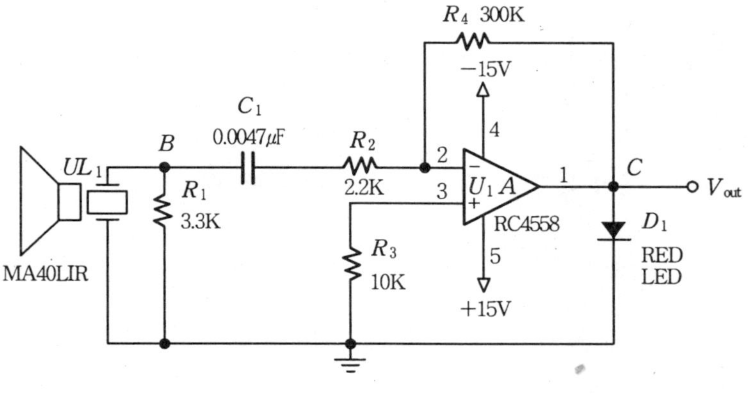

그림 2. 수신부 회로

5. 초음파 센서 가까이에 책이나 노트 등을 이용하여 4~5 cm 가까이 접근시켰을 때의 B점의 파형을 관찰하여 표에 기록한다.

6. 물체를 가까이 접근시키면서 C점의 파형과 LED의 동작을 관찰하여 기록한다. 초음파 센서 앞의 물체를 멀리하여 보자 이때는 LED와 C점의 파형이 어떻게 바뀌는가.

7. 물체를 정지시킨 상태에서 Function generator의 출력 주파수를 50㎑, 60㎑, 70㎑ … 등으로 가변시킬 경우 C점의 파형 및 LED의 동작상태를 관찰한다.

실험결과표

실 험 과 정	파형 및 LED동작 여부	$V_{peak-peak}$
3		$V_{P-P}=$ [V]
4		$V_{P-P}=$ [mV]
5		$V_{P-P}=$ [mV]
6		$V_{P-P}=$ [V]
7		$V_{P-P}=$ [V]

4 검토 사항 :

1. 초음파 센서에 의한 물체 검지는 어떤 원리를 바탕으로 하는가 검토하여라.

2. 초음파 센서에 의해 물체가 감지되었을 때 수신부에 입력되는 파형은 어떤 성질을 가지며, 이에 대한 보상회로는 어떤 것이 있는가 검토하여라.

3. 초음파 센서를 이용하여 물체의 거리를 측정하고자 할 때 어떤 형태로 회로구성이 되어야 하는지, 그 원리는 무엇인가 검토하여라.

4. 본 실험을 통해 초음파 센서의 사용 및 설치시 주의점은 무엇인가.

5. 초음파 센서의 성질을 이용한 다른 용도의 제품을 구상하는 것에 관하여 언급하여라.

실험 26 스트레인 게이지

1 실험 목적 :

- 스트레인 게이지의 특성을 실험을 통해 확인한다.
- 스트레인 게이지에 대한 출력 특성을 이해하도록 한다.
- 스트레인 게이지 인터페이스회로를 구성하는 방법을 습득하도록 한다.

2 실험기기 및 재료 :

□ ETS-7000	1개
□ DVM	1개
□ VOM	1개
□ 스트레인 게이지 UW-270	1개
□ OP AMP μA741C	1개
□ 적색 LED TIL-221	1개
□ 부저 DC3V용	1개
□ 저항 1kΩ	2개
□ 가변저항 470Ω	1개
1kΩ	1개

3 실험 순서 :

(1) 일정한 무게가 되면 LED와 부저가 동작하는 회로

1. 스트레인 게이지 양단자에 DVM을 연결 저항값을 측정하여 표에 기록한다.
2. 스트레인 게이지의 다이어프램을 손으로 누르면서 저항의 변화를 관찰한다. 좀더 세게 눌렀을 때의 저항변화는 어떠한가.

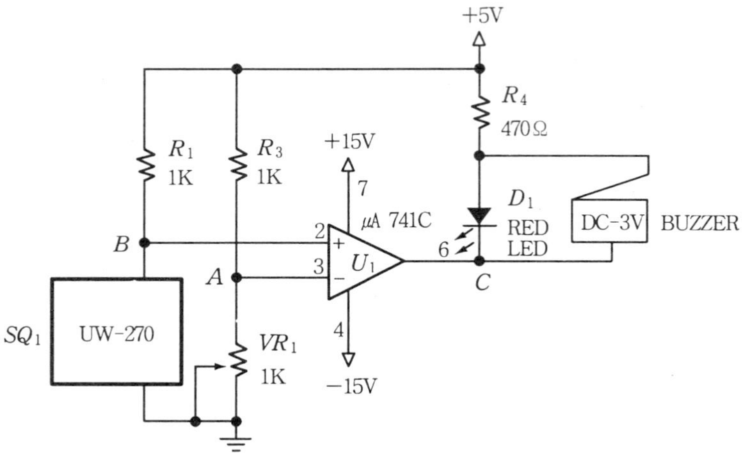

그림 1. 스트레인 게이지 특성 실험회로

3. 스트레인 게이지와 OP AMP를 그림 1과 같은 간단한 회로를 구성한다. 먼저 A점의 전압이 약 1V가 되도록 VR_1을 가변시켜 조정한다.

4. 스트레인 게이지의 다이어프램을 서서히 누르면서 부저와 LED의 동작을 관찰한다.

5. VR_1을 가변시켜 A점의 전압 0.9V, 0.8V, 0.6V, … 0.1V 등으로 조정한 다음, 실험과정 4를 반복한다. 스트레인 게이지의 다이아프램에 가해지는 힘과 A점과의 전압은 부저와 LED의 동작과는 어떤관계가 있는가.

실험 결과표

실 험 과 정	결 과
1	
2	
4	
5	

부 록

데이터 시트

Diodes

1N4001-4007	정류용 다이오드
1N746-759	제너 다이오드
1N657A-986A	제너 다이오드
1N4370-4372	제너 다이오드

TR

2SC1815	일반용(NPN)

JEFT

K30A 일반용(N 채널)

선형회로

MC1455	555 타이머
MC1741-1741C	741 OP Amp
MC7800	고정 전압조정기

MOTOROLA

Designers▲Data Sheet

1N4001 thru 1N4007

LEAD MOUNTED
SILICON RECTIFIERS

50-1000 VOLTS
DIFFUSED JUNCTION

"SURMETIC"▲ RECTIFIERS

. . . subminiature size, axial lead mounted rectifiers for general-purpose low-power applications.

Designers Data for "Worst Case" Conditions

The Designers▲ Data Sheets permit the design of most circuits entirely from the information presented. Limit curves — representing boundaries on device characteristics — are given to facilitate "worst case" design.

*MAXIMUM RATINGS

Rating	Symbol	1N4001	1N4002	1N4003	1N4004	1N4005	1N4006	1N4007	Unit
Peak Repetitive Reverse Voltage Working Peak Reverse Voltage DC Blocking Voltage	V_{RRM} V_{RWM} V_R	50	100	200	400	600	800	1000	Volts
Non-Repetitive Peak Reverse Voltage (halfwave, single phase, 60 Hz)	V_{RSM}	60	120	240	480	720	1000	1200	Volts
RMS Reverse Voltage	$V_{R(RMS)}$	35	70	140	280	420	560	700	Volts
Average Rectified Forward Current (single phase, resistive load, 60 Hz, see Figure 8, T_A = 75°C)	I_O	1.0							Amp
Non-Repetitive Peak Surge Current (surge applied at rated load conditions, see Figure 2)	I_{FSM}	30 (for 1 cycle)							Amp
Operating and Storage Junction Temperature Range	T_J, T_{stg}	-65 to +175							°C

*ELECTRICAL CHARACTERISTICS

Characteristic and Conditions	Symbol	Typ	Max	Unit
Maximum Instantaneous Forward Voltage Drop (i_F = 1.0 Amp, T_J = 25°C) Figure 1	v_F	0.93	1.1	Volts
Maximum Full-Cycle Average Forward Voltage Drop (I_O = 1.0 Amp, T_L = 75°C, 1 inch leads)	$V_{F(AV)}$	-	0.8	Volts
Maximum Reverse Current (rated dc voltage) T_J = 25°C T_J = 100°C	I_R	0.05 1.0	10 50	μA
Maximum Full-Cycle Average Reverse Current (I_O = 1.0 Amp, T_L = 75°C, 1 inch leads	$I_{R(AV)}$	–	30	μA

*Indicates JEDEC Registered Data.

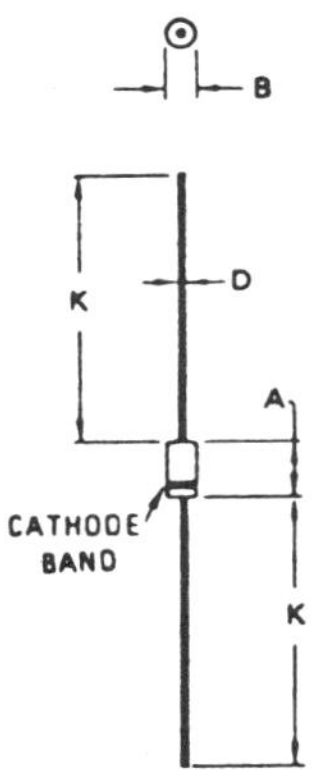

DIM	MILLIMETERS MIN	MILLIMETERS MAX	INCHES MIN	INCHES MAX
A	5.97	6.60	0.235	0.260
B	2.79	3.05	0.110	0.120
D	0.76	0.86	0.030	0.034
K	27.94	-	1.100	-

CASE 59-04
Does Not Conform to DO-41 Outline.

MECHANICAL CHARACTERISTICS

CASE: Transfer Molded Plastic
MAXIMUM LEAD TEMPERATURE FOR SOLDERING PURPOSES: 350°C, 3/8" from case for 10 seconds at 5 lbs. tension
FINISH: All external surfaces are corrosion-resistant, leads are readily solderable
POLARITY: Cathode indicated by color band
WEIGHT: 0.40 Grams (approximately)

▲Trademark of Motorola Inc.

DS 6015 R3

FIGURE 1 – FORWARD VOLTAGE

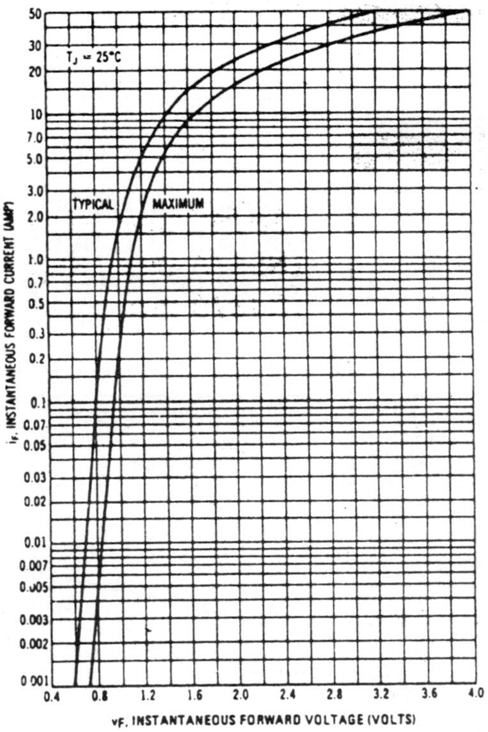

FIGURE 2 – NON-REPETITIVE SURGE CAPABILITY

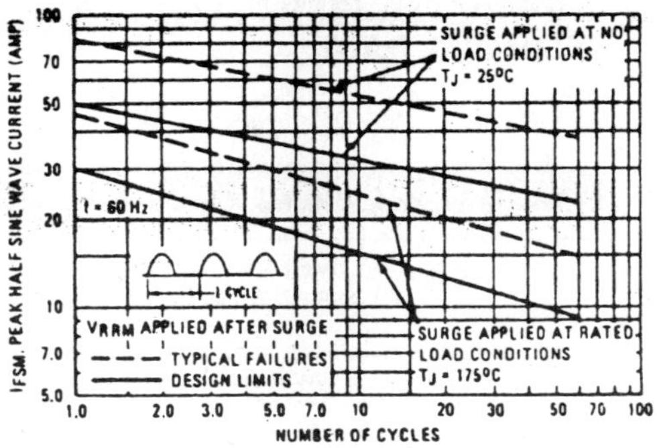

FIGURE 3 – FORWARD VOLTAGE TEMPERATURE COEFFICIENT

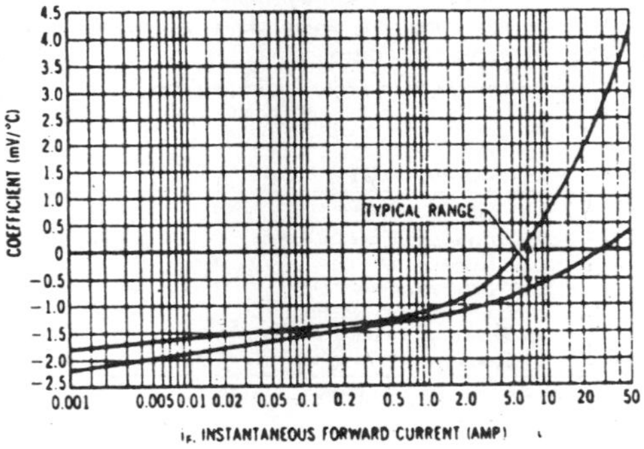

FIGURE 4 – TYPICAL TRANSIENT THERMAL RESISTANCE

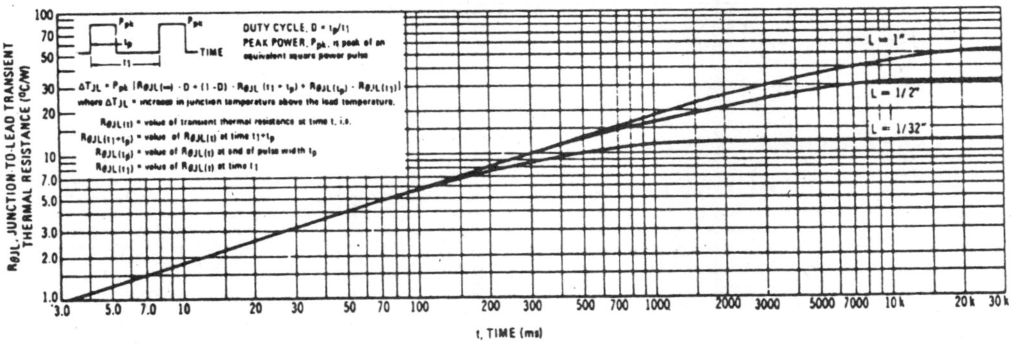

The temperature of the lead should be measured using a thermocouple placed on the lead as close as possible to the tie point. The thermal mass connected to the tie point is normally large enough so that it will not significantly respond to heat surges generated in the diode as a result of pulsed operation once steady-state conditions are achieved. Using the measured value of T_L, the junction temperature may be determined by:

$$T_J = T_L + \Delta T_{JL}.$$

MOTOROLA *Semiconductor Products Inc.*

MOTOROLA
SEMICONDUCTOR
TECHNICAL DATA

1.5KE6.8, A thru 1.5KE250, A
See Page 4-59

Designers Data Sheet

500-MILLIWATT HERMETICALLY SEALED GLASS SILICON ZENER DIODES

- Complete Voltage Range — 2.4 to 110 Volts
- DO-35 Package — Smaller than Conventional DO-7 Package
- Double Slug Type Construction
- Metallurgically Bonded Construction
- Oxide Passivated Die

Designer's Data for "Worst Case" Conditions

The Designer's Data sheets permit the design of most circuits entirely from the information presented. Limit curves – representing boundaries on device characteristics – are given to facilitate "worst case" design.

1N746 thru 1N759
1N957A thru 1N986A
1N4370 thru 1N4372

GLASS ZENER DIODES
500 MILLIWATTS
2.4–110 VOLTS

MAXIMUM RATINGS

Rating	Symbol	Value	Unit
DC Power Dissipation @ $T_L \le 50^{\circ}C$, Lead Length = 3/8"	P_D		
*JEDEC Registration		400	mW
*Derate above $T_L = 50^{\circ}C$		3.2	mW/°C
Motorola Device Ratings		500	mW
Derate above $T_L = 50^{\circ}C$		3.33	mW/°C
Operating and Storage Junction Temperature Range	T_J, T_{stg}		°C
*JEDEC Registration		-65 to +175	
Motorola Device Ratings		-65 to +200	

*Indicates JEDEC Registered Data.

MECHANICAL CHARACTERISTICS

MAXIMUM LEAD TEMPERATURE FOR SOLDERING PURPOSES: 230°C, 1/16" from case for 10 seconds

FINISH: All external surfaces are corrosion resistant with readily solderable leads.

POLARITY: Cathode indicated by color band. When operated in zener mode, cathode will be positive with respect to anode.

MOUNTING POSITION: Any

STEADY STATE POWER DERATING

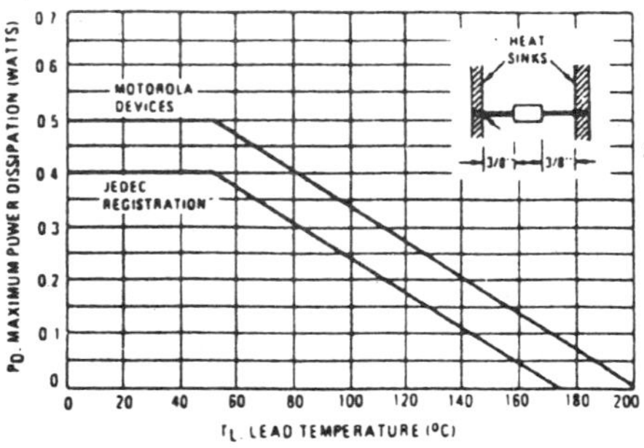

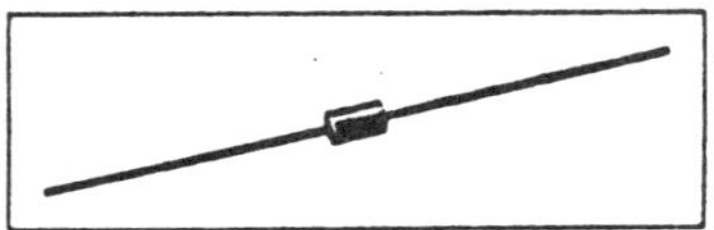

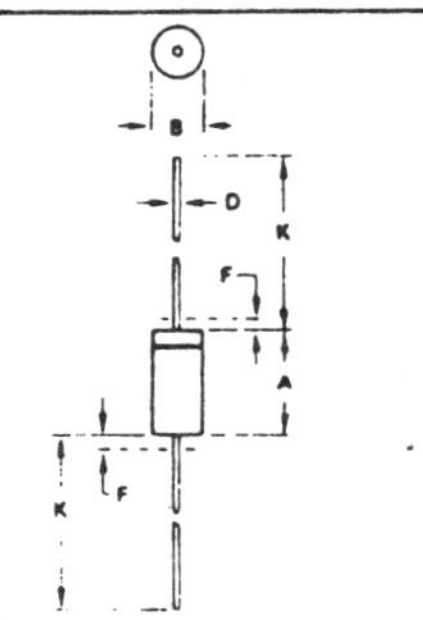

NOTES
1. PACKAGE CONTOUR OPTIONAL WITHIN A AND B. HEAT SLUGS, IF ANY, SHALL BE INCLUDED WITHIN THIS CYLINDER, BUT NOT SUBJECT TO THE MINIMUM LIMIT OF B.
2. LEAD DIAMETER NOT CONTROLLED IN ZONE F TO ALLOW FOR FLASH, LEAD FINISH BUILDUP AND MINOR IRREGULARITIES OTHER THAN HEAT SLUGS.
3. POLARITY DENOTED BY CATHODE BAND.
4. DIMENSIONING AND TOLERANCING PER ANSI Y14.5, 1973.

DIM	MILLIMETERS		INCHES	
	MIN	MAX	MIN	MAX
A	3.05	5.08	0.120	0.200
B	1.52	2.29	0.060	0.090
D	0.46	0.56	0.018	0.022
F	-	1.27	-	0.050
K	25.40	38.10	1.000	1.500

All JEDEC dimensions and notes apply.

CASE 299-02
DO-204AH
GLASS

SILICON NPN TRANSISTOR EPITAXIAL PLANAR TYPE (PCT PROCESS)

KTC 1815

APPLICATIONS

- Low Frequency Amplifiers
- Low Noise Amplifiers

Unit in mm

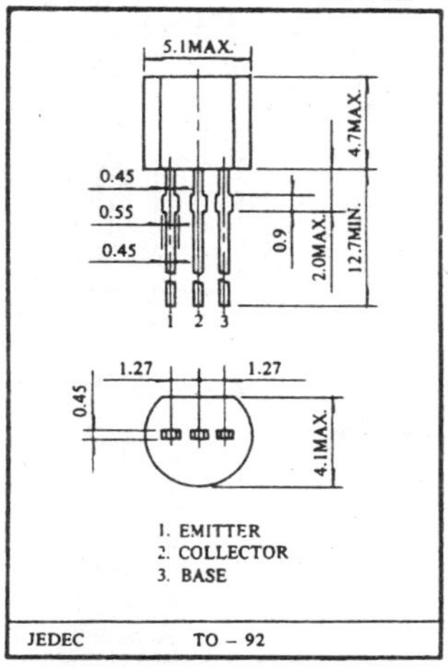

FEATURES

- Low Noise, NF=1dB (Typ), 10dB (Max)
- Excellent h_{FE} Linearity, $h_{FE}(0.1mA)/h_{FE}(2mA)=0.95$ (Typ.)
- Complementary to the KTA 1015 (Type O, Y, GR)
- High h_{FE} (70~700).
- Excellent Safe Operation Area.

MAXIMUM RATINGS (Ta=25℃)

CHARACTERISTIC	SYMBOL	RATING	UNIT
Collector-Base Voltage	V_{CBO}	60	V
Collector-Emitter Voltage	V_{CEO}	50	V
Emitter-Base Voltage	V_{EBO}	5	V
Collector Current	I_C	150	mA

CHARACTERISTIC	SYMBOL	RATING	UNIT
Emitter Current	I_E	−150	mA
Collector Power Dissipation	P_C	400	mW
Junction Temperature	T_j	125	℃
Storage Temperature Range	T_{stg}	−55~125	℃

ELECTRICAL CHARACTERISTICS (Ta=25℃)

CHARACTERISTIC	SYMBOL	TEST CONDITION	MIN.	TYP.	MAX.	UNIT
Collector Cut off Current	I_{CBO}	$V_{CB}=60V$, $I_E=0$	–	–	0.1	μA
Emitter Cut off Current	I_{EBO}	$V_{EB}=5V$, $I_C=0$	–	–	0.1	μA
DC Current Gain (1)	$h_{FE(1)}$	$V_{CE}=6V$, $I_C=2mA$	70	–	700	–
DC Current Gain (2)	$h_{FE(2)}$	$V_{CE}=6V$, $I_C=150mA$	25	–	–	–
Collector-Emitter Saturation Voltage	$V_{CE(sat)}$	$I_C=100mA$, $I_B=10mA$	–	0.1	0.25	V
Base-Emitter Saturation Voltage	$V_{BE(sat)}$	$I_C=100mA$, $I_B=100mA$	–	–	0.1	V
Transition Frequency	f_T	$V_{CE}=10V$, $I_E=-1mA$	80	–	–	MHz
Output Capacitance	C_{ob}	$V_{CB}=10V$, $I_E=0$, f=1MHz	–	2.0	3.0	pF
Base Spreading Resistance	$r_{bb'}$	$V_{CB}=10V$, $I_E=-1mA$, f=30MHz	–	50	–	Ω
Noise Figure	NF	$V_{CE}=6V$, $I_C=0.1mA$, $R_g=10kΩ$, f=1kHz	–	1.0	10	dB

NOTE: According to h_{FE} (1), Classified as follows

O	70-140	Y	120~240	GR	200~400	BL	350~700

STATIC CHARACTERISTICS

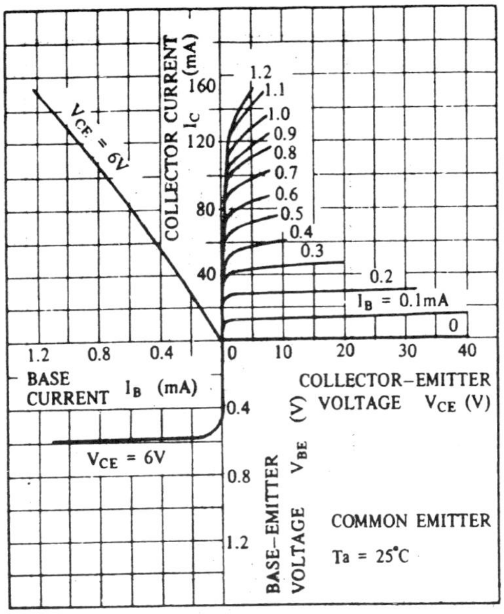

I_C – V_{CE} (LOW VOLTAGE REGION)

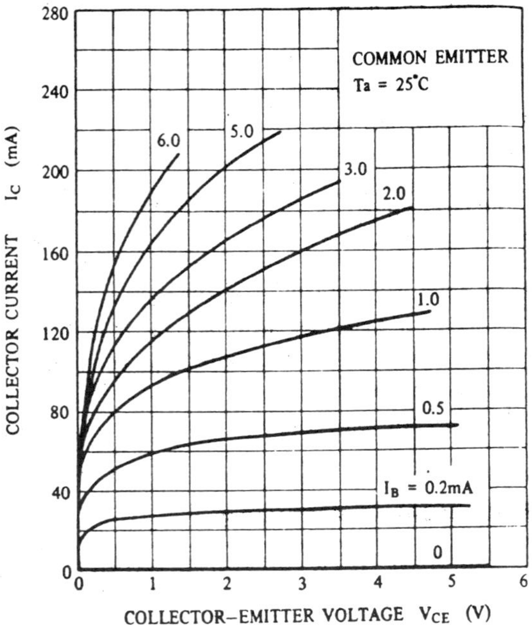

h_{FE} – I_C

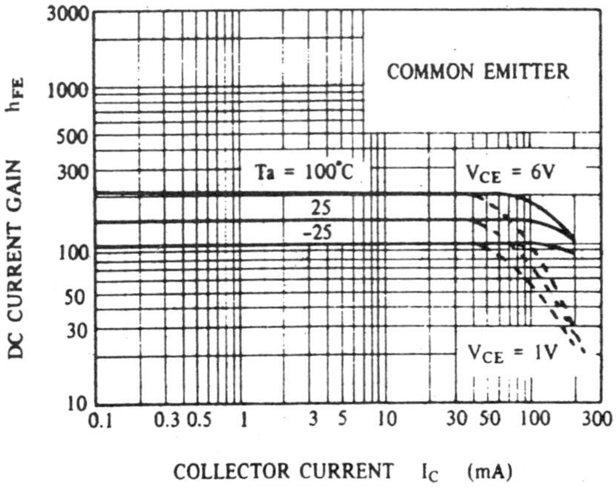

$V_{CE(sat)}$ – I_C

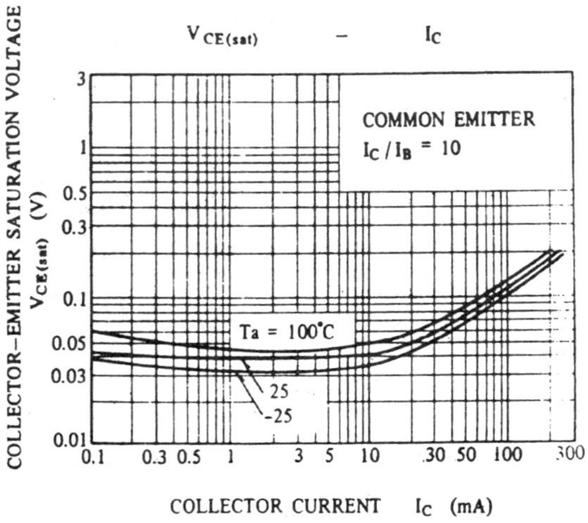

$V_{BE(sat)}$ – I_C

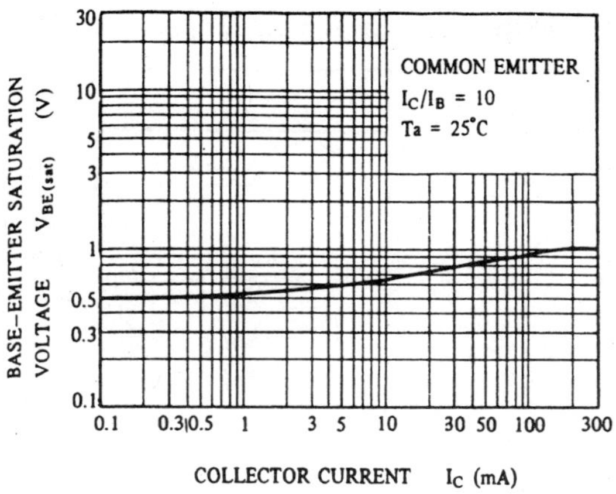

f_T – I_E

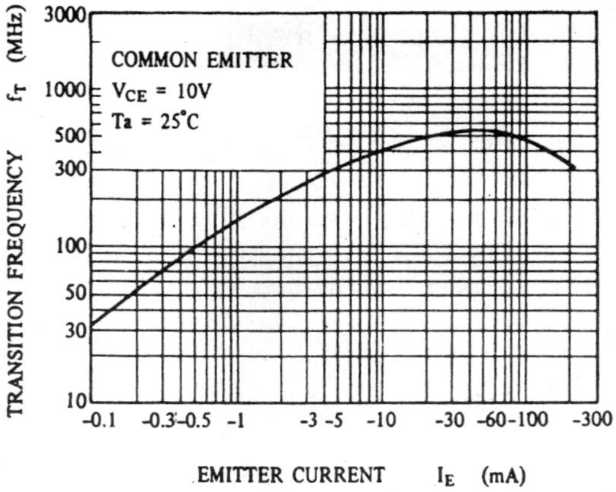

I_B – V_{BE}

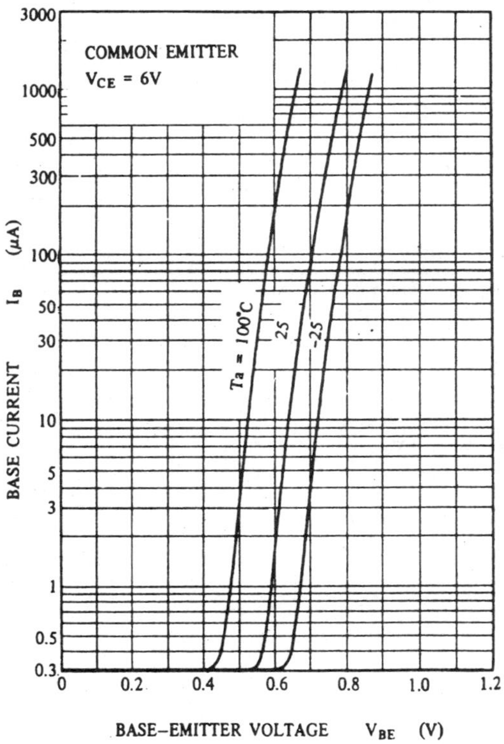

h PARAMETER – I_C

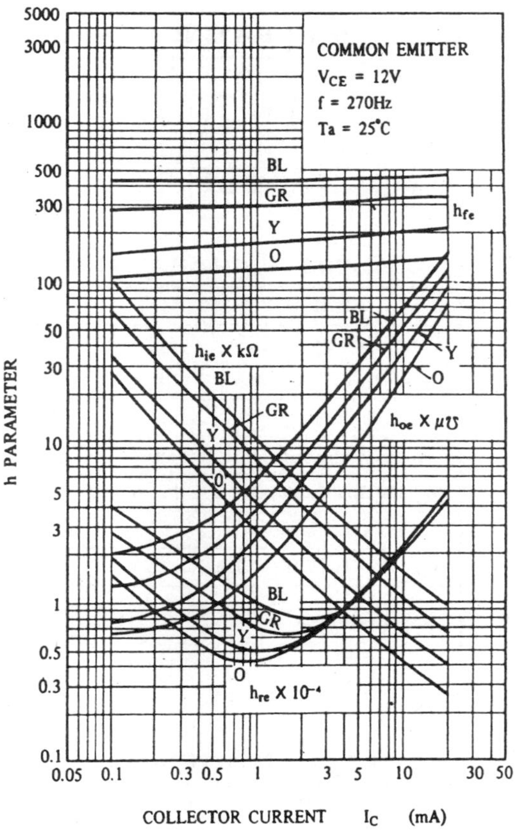

KTK 30A

FIELD EFFECT TRANSISTOR SILICON N CHANNEL JUNCTION TYPE

APPLICATIONS

- Low Noise Pre-Amplfier, Tone Control.
- Amplifier And DC-AC High Input Impedance.
- Amplifer Circuit Applications.

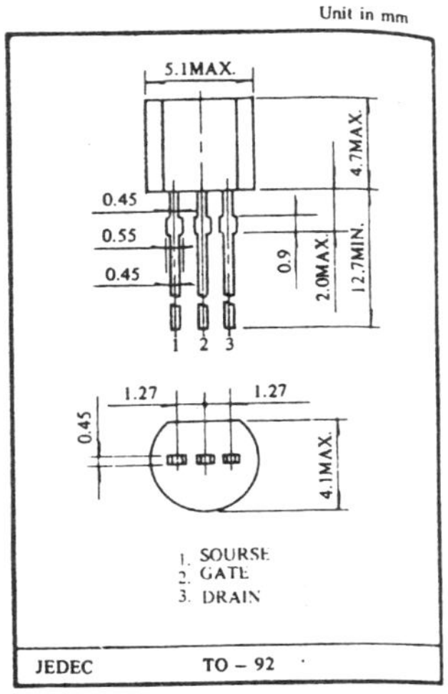

FEATURES

- High Breakdown Voltage : $V_{GDS}=-50V$
- High Input Impedance : $I_{GSS}=-1nA$ (Max.) ($V_{GS}=-30V$)
- Low Noise : NF=0.5dB (Typ.) (Rg=100kΩ) (f=120Hz)

MAXIMUM RATINGS (Ta=25℃)

CHARACTERISTIC	SYMBOL	RATING	UNIT
Gate-Drain Voltage	V_{GDS}	-50	V
Gate Current	I_G	10	mA
Drain Power Dissipation	P_D	100	mW
Junction Temperature	T_j	125	℃
Storage Temperature Range	T_{stg}	-55~125	℃

ELECTRICAL CHARACTERISTICS (Ta=25℃)

CHARACTERISTIC	SYMBOL	TEST CONDITION	MIN.	TYP.	MAX.	UNIT
Gate Leakage Current	I_{GSS}	$V_{GS}=-30V$, $V_{DS}=0$	-	-	-1.0	nA
Gate-Drain Breakdown Voltage	$V_{(BR)GDS}$	$V_{DS}=0$, $I_G=-100\mu A$	-50	-	-	V
Drain Current	$I_{DSS(Note)}$	$V_{DS}=10V$, $V_{GS}=0$	0.3	-	6.5	mA
Gate-Source Cut off Voltage	$V_{GS(OFF)}$	$V_{DS}=10V$, $I_D=0.1\mu A$	-0.4	-	-5.0	V
Mutual Conductance	gm	$V_{DS}=10V$, $V_{GS}=0$, f=1kHz	1.2	-	-	m℧
Input Capacitance	C_{iss}	$V_{GS}=0$, $V_{DS}=0$, f=1MHz	-	8.2	-	pF
Reverse Transfer Capacitance	C_{rss}	$V_{GD}=-10V$, $V_{DS}=0$, f=1MHz	-	2.6	-	pF
Noise Figure	NF	$V_{DS}=15V$, $V_{GS}=0$, $R_g=100k$, f=120Hz	-	0.5	5.0	dB

NOTE: I_{DSS} Classification

R	0.30~0.75	O	0.60~1.40	Y	1.20~3.00	GR	2.60~6.50

STATIC CHARACTERISTICS

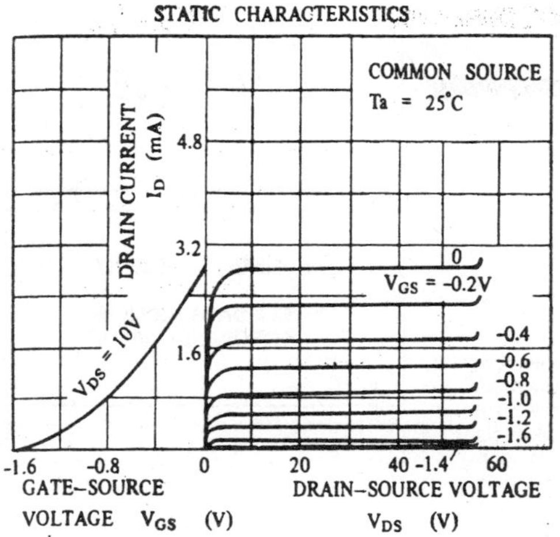

I_D − V_{GS}

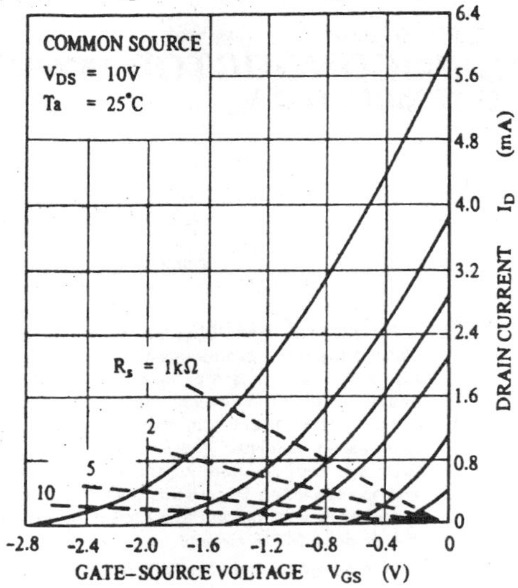

I_D − V_{DS} (LOW VOLTAGE REGION)

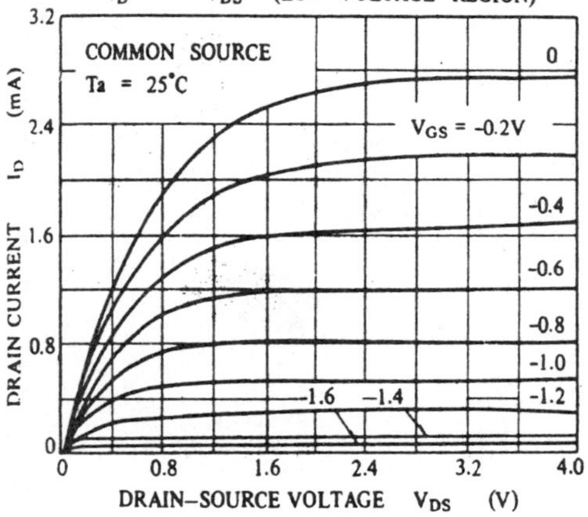

g_m − I_D

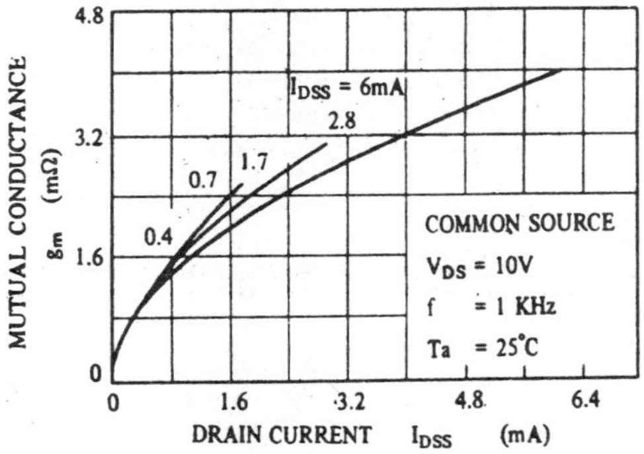

g_m − V_{GS}

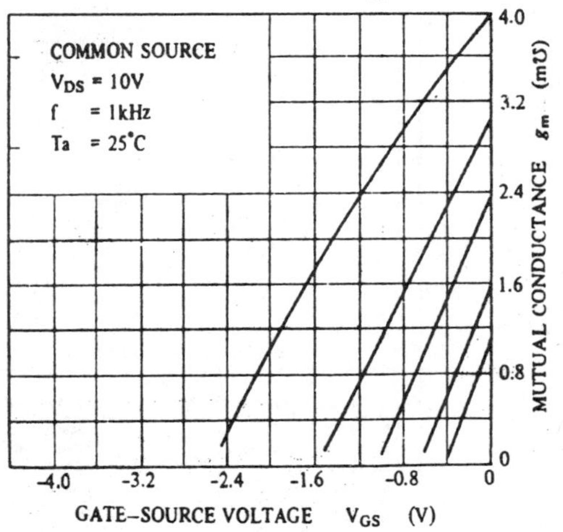

V_P − I_{DSS}

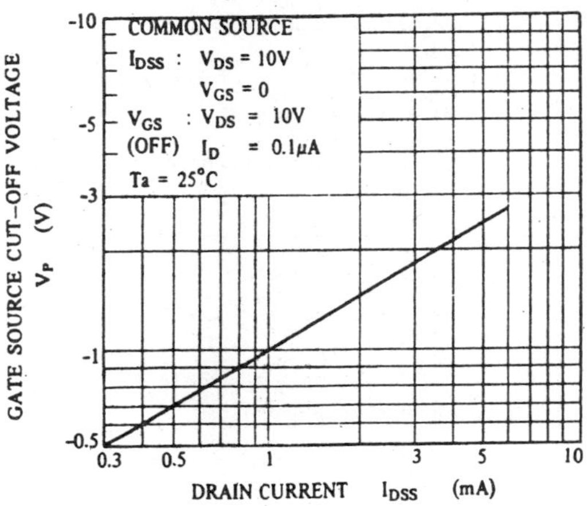

MOTOROLA
SEMICONDUCTOR
TECHNICAL DATA

MC1455

TIMING CIRCUIT

The MC1455 monolithic timing circuit is a highly stable controller capable of producing accurate time delays, or oscillation. Additional terminals are provided for triggering or resetting if desired. In the time delay mode of operation, the time is precisely controlled by one external resistor and capacitor. For astable operation as an oscillator, the free running frequency and the duty cycle are both accurately controlled with two external resistors and one capacitor. The circuit may be triggered and reset on falling waveforms, and the output structure can source or sink up to 200 mA or drive MTTL circuits.

- Direct Replacement for NE555 Timers
- Timing From Microseconds Through Hours
- Operates in Both Astable and Monostable Modes
- Adjustable Duty Cycle
- High Current Output Can Source or Sink 200 mA
- Output Can Drive MTTL
- Temperature Stability of 0.005% per °C
- Normally "On" or Normally "Off" Output

FIGURE 1 — 22-SECOND SOLID-STATE TIME DELAY RELAY CIRCUIT

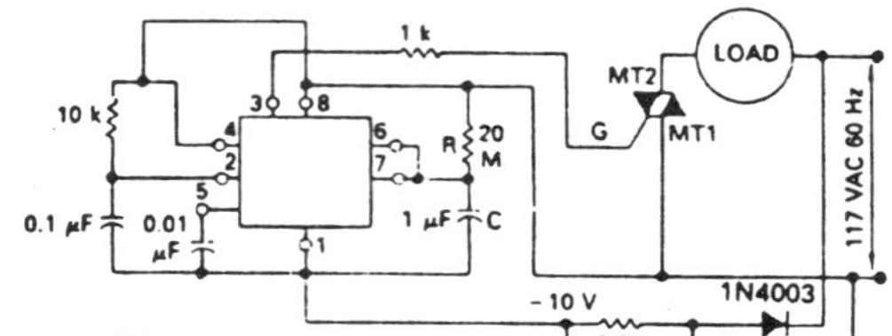

t = 1.1; R,C = 22 s
Time delay (t) is variable by changing R and C. (See Figure 16)

FIGURE 2 — BLOCK DIAGRAM

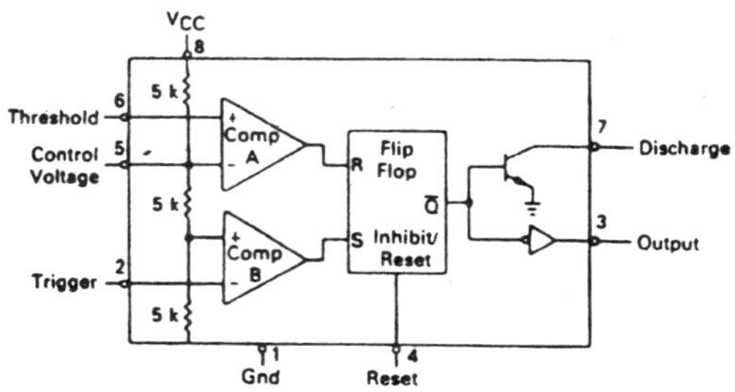

TIMING CIRCUIT

SILICON MONOLITHIC INTEGRATED CIRCUIT

G SUFFIX
METAL PACKAGE
CASE 601

1. Ground	5. Control Voltage
2. Trigger	6. Threshold
3. Output	7. Discharge
4. Reset	8. V_{CC}

P1 SUFFIX
PLASTIC PACKAGE
CASE 626

U SUFFIX
CERAMIC PACKAGE
CASE 693

D SUFFIX
PLASTIC PACKAGE
CASE 751
(SO-8)

ORDERING INFORMATION

Device	Alternate	Temperature Range	Package
MC1455G	—	0°C to +70°C	Metal Can
MC1455P1	NE555V	0°C to +70°C	Plastic DIP
MC1455D	—	0°C to +70°C	SO-8
MC1455U	—	0°C to +70°C	Ceramic DIP
MC1455BP1	—	-40°C to +85°C	Plastic DIP

MC1455

MAXIMUM RATINGS (T_A = +25°C unless otherwise noted.)

Rating	Symbol	Value	Unit
Power Supply Voltage	V_{CC}	+18	Vdc
Discharge Current (Pin 7)	I_7	200	mA
Power Dissipation (Package Limitation)	P_D		
Metal Can		680	mW
Derate above T_A = +25°C		4.6	mW/°C
Plastic Dual In-Line Package		625	mW
Derate above T_A = +25°C		5.0	mW/°C
Operating Temperature Range (Ambient)	T_A		°C
MC1455B		−40 to +85	
MC1455		0 to +70	
Storage Temperature Range	T_{stg}	−65 to +150	°C

FIGURE 3 — GENERAL TEST CIRCUIT

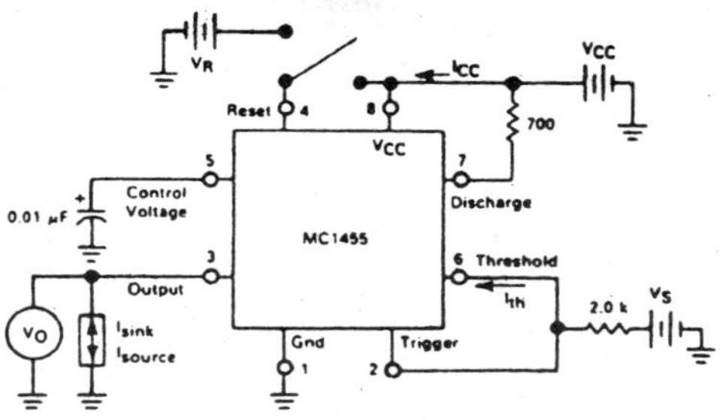

Test Circuit for Measuring dc Parameters: (to set output and measure parameters)
a) When V_S > 2/3 V_{CC}, V_O is low.
b) When V_S < 1/3 V_{CC}, V_O is high.
c) When V_O is low, pin 7 sinks current. To test for Reset, set V_O high, apply Reset voltage, and test for current flowing into pin 7.
When Reset is not in use, it should be tied to V_{CC}.

ELECTRICAL CHARACTERISTICS (T_A = +25°C, V_{CC} = +5.0 V to +15 V unless otherwise noted.)

Characteristics	Symbol	Min	Typ	Max	Unit
Operating Supply Voltage Range	V_{CC}	4.5	—	16	V
Supply Current	I_{CC}				mA
V_{CC} = 5.0 V, $R_L = \infty$		—	3.0	6.0	
V_{CC} = 15 V, $R_L = \infty$ Low State, (Note 1)		—	10	15	
Timing Error (Note 2) R = 1.0 kΩ to 100 kΩ					
Initial Accuracy C = 0.1 µF		—	1.0	—	%
Drift with Temperature		—	50	—	PPM/°C
Drift with Supply Voltage		—	0.1	—	%/Volt
Threshold Voltage	V_{th}	—	2/3	—	xV_{CC}
Trigger Voltage	V_T				V
V_{CC} = 15 V		—	5.0	—	
V_{CC} = 5.0 V		—	1.67	—	
Trigger Current	I_T	—	0.5	—	µA
Reset Voltage	V_R	0.4	0.7	1.0	V
Reset Current	I_R	—	0.1	—	mA
Threshold Current (Note 3)	I_{th}	—	0.1	0.25	µA
Discharge Leakage Current (Pin 7)	I_{dis}	—	—	100	nA
Control Voltage Level	V_{CL}				V
V_{CC} = 15 V		9.0	10	11	
V_{CC} = 5.0 V		2.6	3.33	4.0	
Output Voltage Low (V_{CC} = 15 V)	V_{OL}				V
I_{sink} = 10 mA		—	0.1	0.25	
I_{sink} = 50 mA		—	0.4	0.75	
I_{sink} = 100 mA		—	2.0	2.5	
I_{sink} = 200 mA		—	2.5	—	
(V_{CC} = 5.0 V)					
I_{sink} = 8.0 mA		—	—	—	
I_{sink} = 5.0 mA		—	0.25	0.35	
Output Voltage High	V_{OH}				V
(I_{source} = 200 mA) V_{CC} = 15 V		—	12.5	—	
(I_{source} = 100 mA)					
V_{CC} = 15 V		12.75	13.3	—	
V_{CC} = 5.0 V		2.75	3.3	—	
Rise Time of Output	t_{OLH}	—	100	—	ns
Fall Time of Output	t_{OHL}	—	100	—	ns

NOTES:
1. Supply current when output is high is typically 1.0 mA less.
2. Tested at V_{CC} = 5.0 V and V_{CC} = 15 V. Monostable mode
3. This will determine the maximum value of $R_A + R_B$ for 15 V operation. The maximum total R = 20 megohms.

MOTOROLA
SEMICONDUCTOR
TECHNICAL DATA

MC1741
MC1741C

OPERATIONAL AMPLIFIER

SILICON MONOLITHIC INTEGRATED CIRCUIT

INTERNALLY COMPENSATED, HIGH PERFORMANCE OPERATIONAL AMPLIFIERS

. . . designed for use as a summing amplifier, integrator, or amplifier with operating characteristics as a function of the external feedback components.

- No Frequency Compensation Required
- Short-Circuit Protection
- Offset Voltage Null Capability
- Wide Common-Mode and Differential Voltage Ranges
- Low-Power Consumption
- No Latch Up

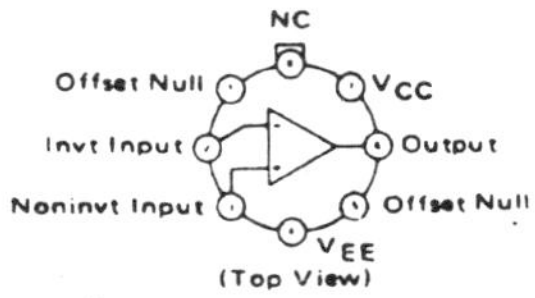

G SUFFIX
METAL PACKAGE
CASE 601

P1 SUFFIX
PLASTIC PACKAGE
CASE 626

U SUFFIX
CERAMIC PACKAGE
CASE 693

D SUFFIX
PLASTIC PACKAGE
CASE 751
(SO-8)

PIN CONNECTIONS

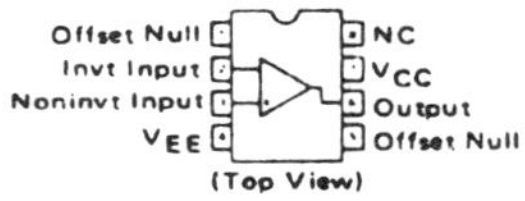

MAXIMUM RATINGS (T_A = +25°C unless otherwise noted)

Rating	Symbol	MC1741C	MC1741	Unit
Power Supply Voltage	V_{CC} V_{EE}	+18 −18	+22 −22	Vdc Vdc
Input Differential Voltage	V_{ID}	±30		Volts
Input Common Mode Voltage (Note 1)	V_{ICM}	±15		Volts
Output Short Circuit Duration (Note 2)	t_S	Continuous		
Operating Ambient Temperature Range	T_A	0 to +70	−55 to +125	°C
Storage Temperature Range Metal and Ceramic Packages Plastic Packages	T_{stg}	 −65 to +150 −55 to +125		°C

NOTES.
1. For supply voltages less than +15 V, the absolute maximum input voltage is equal to the supply voltage.
2. Supply voltage equal to or less than 15 V.

ORDERING INFORMATION

Device	Alternate	Temperature Range	Package
MC1741CD	—	0°C to +70°C	SO-8
MC1741CG	LM741CH, μA741HC		Metal Can
MC1741CP1	LM741CN, μA741TC		Plastic DIP
MC1741CU	—		Ceramic DIP
MC1741G	—	−55°C to +125°C	Metal Can
MC1741U	—		Ceramic DIP

EQUIVALENT CIRCUIT SCHEMATIC

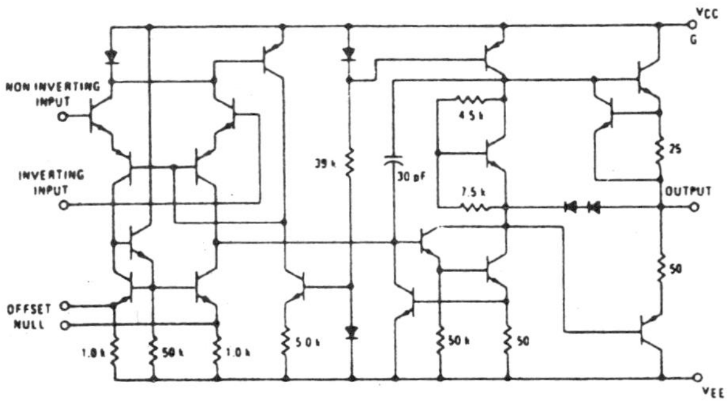

MC1741, MC1741C

ELECTRICAL CHARACTERISTICS (V_{CC} = +15 V, V_{EE} = −15 V, T_A = 25°C unless otherwise noted).

Characteristic	Symbol	MC1741			MC1741C			Unit
		Min	Typ	Max	Min	Typ	Max	
Input Offset Voltage ($R_S \leqslant$ 10 k)	V_{IO}	–	1.0	5.0	–	2.0	6.0	mV
Input Offset Current	I_{IO}	–	20	200	–	20	200	nA
Input Bias Current	I_{IB}	–	80	500	–	80	500	nA
Input Resistance	r_i	0.3	2.0	–	0.3	2.0	–	MΩ
Input Capacitance	C_i	–	1.4	–	–	1.4	–	pF
Offset Voltage Adjustment Range	V_{IOR}	–	±15	–	–	±15	–	mV
Common Mode Input Voltage Range	V_{ICR}	±12	±13	–	±12	±13	–	V
Large Signal Voltage Gain (V_O = ±10 V, $R_L \geqslant$ 2.0 k)	A_v	50	200	–	20	200	–	V/mV
Output Resistance	r_o	–	75	–	–	75	–	Ω
Common Mode Rejection Ratio ($R_S \leqslant$ 10 k)	CMRR	70	90	–	70	90	–	dB
Supply Voltage Rejection Ratio ($R_S \leqslant$ 10 k)	PSRR	–	30	150	–	30	150	μV/V
Output Voltage Swing ($R_L \geqslant$ 10 k) ($R_L \geqslant$ 2 k)	V_O	 ±12 ±10	 ±14 ±13	 –	 ±12 ±10	 ±14 ±13	 – –	V
Output Short-Circuit Current	I_{os}	–	20	–	–	20	–	mA
Supply Current	I_D	–	1.7	2.8	–	1.7	2.8	mA
Power Consumption	P_C	–	50	85	–	50	85	mW
Transient Response (Unity Gain – Non-Inverting) (V_I = 20 mV, $R_L \geqslant$ 2 k, $C_L \leqslant$ 100 pF) Rise Time (V_I = 20 mV, $R_L \geqslant$ 2 k, $C_L \leqslant$ 100 pF) Overshoot (V_I = 10 V, $R_L \geqslant$ 2 k, $C_L \leqslant$ 100 pF) Slew Rate	 t_{TLH} os SR	 – – –	 0.3 15 0.5	 – 	 – – –	 0.3 15 0.5	 – – –	 μs % V/μs

ELECTRICAL CHARACTERISTICS (V_{CC} = +15 V, V_{EE} = −15 V, T_A = T_{low} to T_{high} unless otherwise noted).

Characteristic	Symbol	MC1741			MC1741C			Unit
		Min	Typ	Max	Min	Typ	Max	
Input Offset Voltage ($R_S \leqslant$ 10 kΩ)	V_{IO}	–	1.0	6.0	–	–	7.5	mV
Input Offset Current (T_A = 125°C) (T_A = −55°C) (T_A = 0°C to +70°C)	I_{IO}	 –	 7.0 85 –	 200 500 –	 – –	 – – –	 – – 300	nA
Input Bias Current (T_A = 125°C) (T_A = −55°C) (T_A = 0°C to +70°C)	I_{IB}	 – –	 30 300 –	 500 1500 –	 – – –	 – – 	 – – 800	nA
Common Mode Input Voltage Range	V_{ICR}	±12	±13	–	–	–	–	V
Common Mode Rejection Ratio ($R_S \leqslant$ 10 k)	CMRR	70	90	–	–	–	–	dB
Supply Voltage Rejection Ratio ($R_S \leqslant$ 10 k)	PSRR	–	30	150	–	–		μV/V
Output Voltage Swing ($R_L \geqslant$ 10 k) ($R_L \geqslant$ 2 k)	V_O	 ±12 ±10	 ±14 ±13	 –	 – ±10	 – ±13	 – –	V
Large Signal Voltage Gain ($R_L \geqslant$ 2 k, V_{out} = ±10 V)	A_v	25		–	15	–	–	V/mV
Supply Currents (T_A = 125°C) (T_A = −55°C)	I_D		 1.5 2.0	 2.5 3.3	 –	 –	 – –	mA
Power Consumption (T_A = +125°C) (T_A = −55°C)	P_C		45 60	75 100	– –	– –	– –	mW

*T_{high} = 125°C for MC1741 and 70°C for MC1741C
T_{low} = −55°C for MC1741 and 0°C for MC1741C

MC1741, MC1741C

FIGURE 1 – BURST NOISE versus SOURCE RESISTANCE

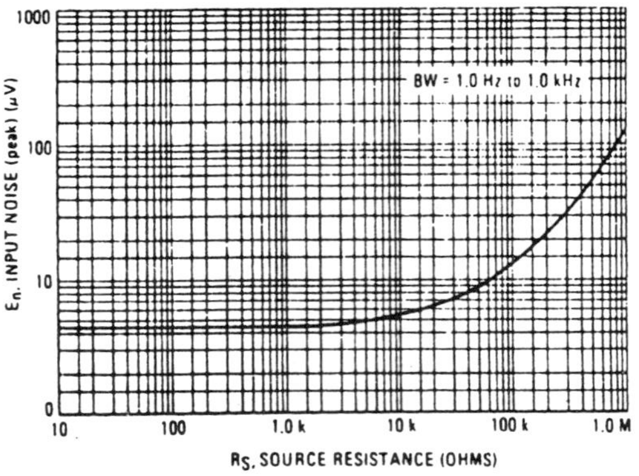

FIGURE 2 – RMS NOISE versus SOURCE RESISTANCE

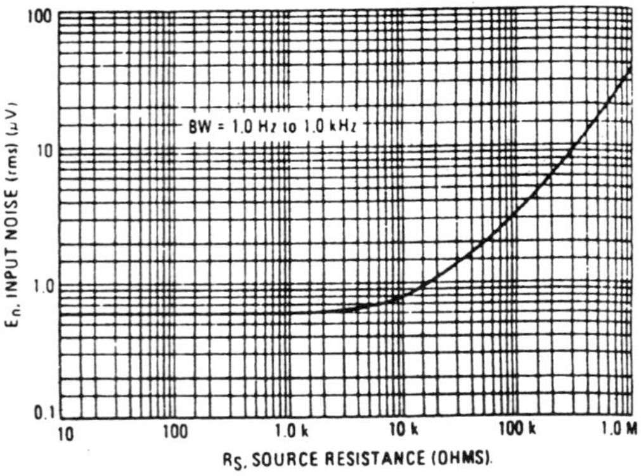

FIGURE 3 – OUTPUT NOISE versus SOURCE RESISTANCE

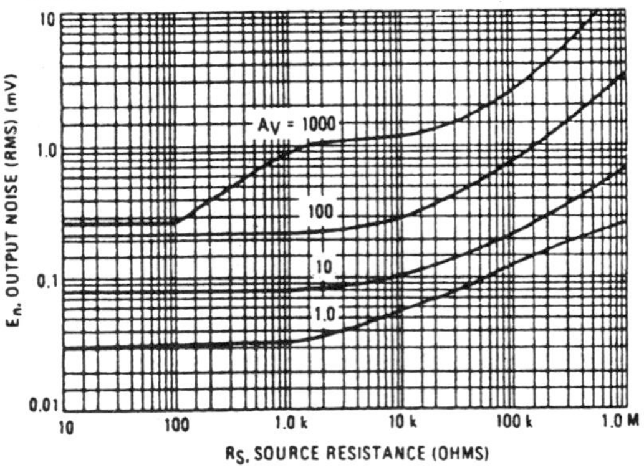

FIGURE 4 – SPECTRAL NOISE DENSITY

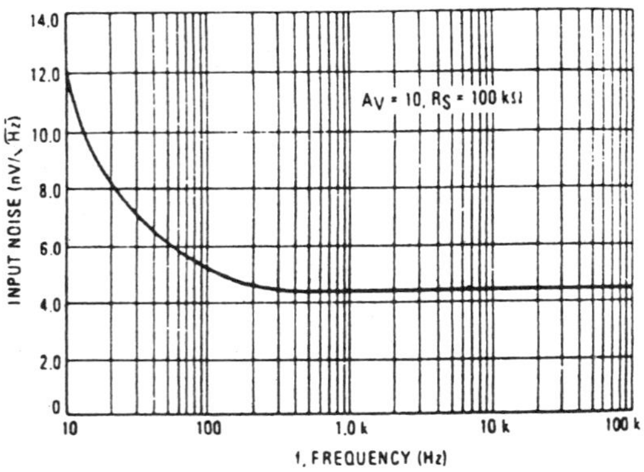

FIGURE 5 – BURST NOISE TEST CIRCUIT

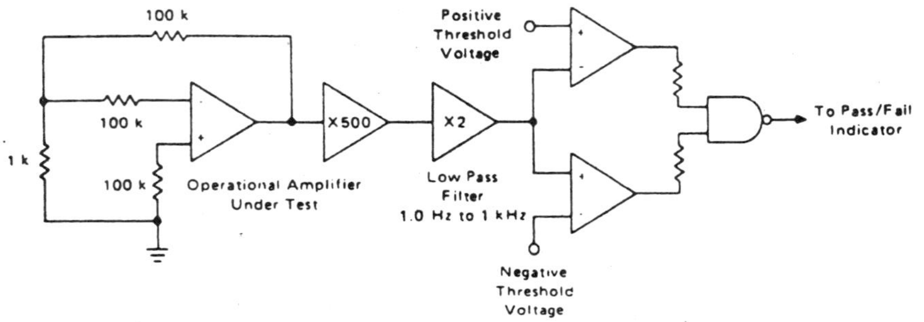

Unlike conventional peak reading or RMS meters, this system was especially designed to provide the quick response time essential to burst (popcorn) noise testing.

The test time employed is 10 seconds and the 20 μV peak limit refers to the operational amplifier input thus eliminating errors in the closed-loop gain factor of the operational amplifier under test.

MC1741, MC1741C

TYPICAL CHARACTERISTICS

(V_{CC} = +15 Vdc, V_{EE} = -15 Vdc, T_A = +25°C unless otherwise noted)

FIGURE 6 – POWER BANDWIDTH (LARGE SIGNAL SWING versus FREQUENCY)

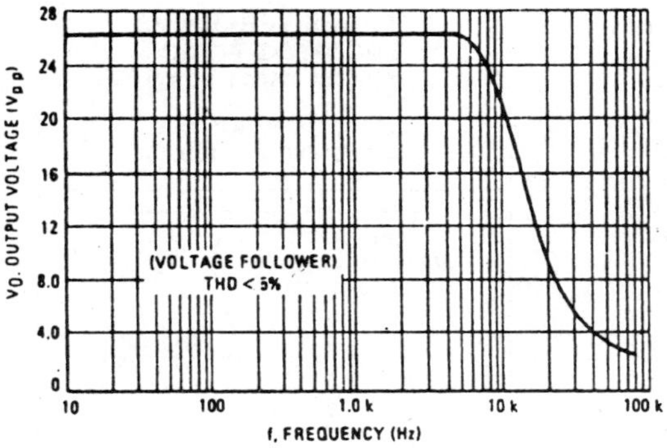

FIGURE 7 – OPEN LOOP FREQUENCY RESPONSE

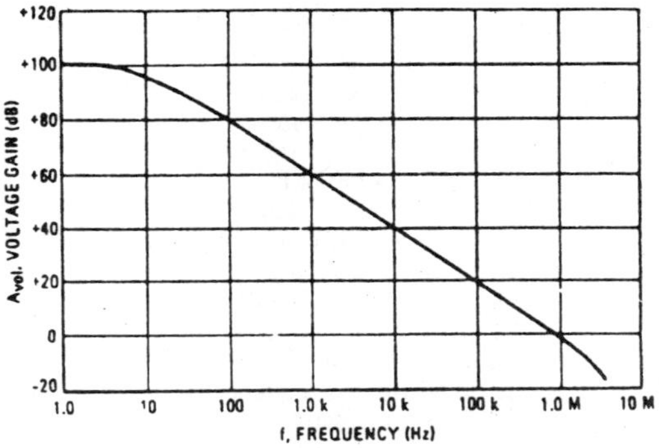

FIGURE 8 – POSITIVE OUTPUT VOLTAGE SWING versus LOAD RESISTANCE

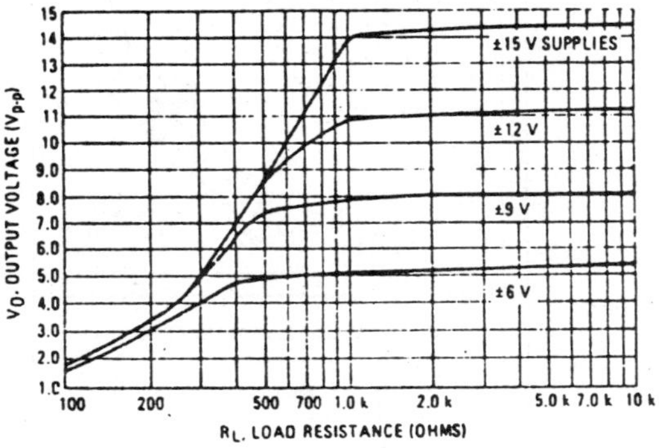

FIGURE 9 – NEGATIVE OUTPUT VOLTAGE SWING versus LOAD RESISTANCE

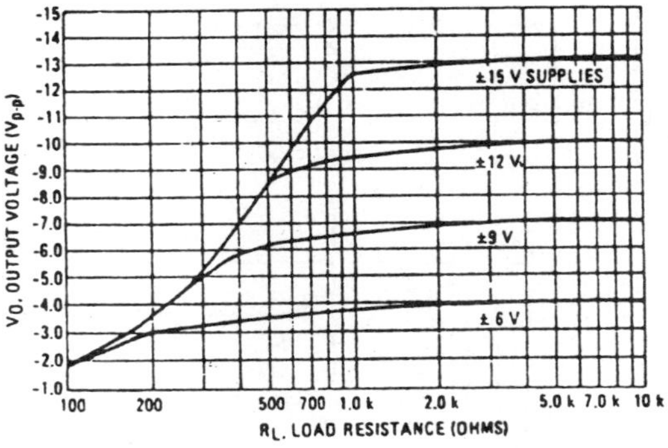

FIGURE 10 – OUTPUT VOLTAGE SWING versus LOAD RESISTANCE (Single Supply Operation)

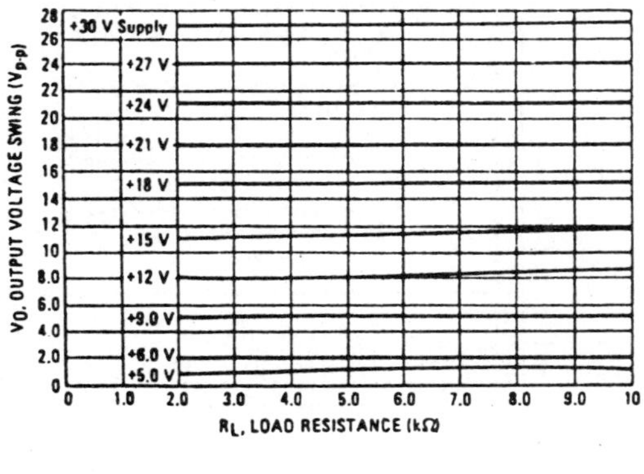

FIGURE 11 – SINGLE SUPPLY INVERTING AMPLIFIER

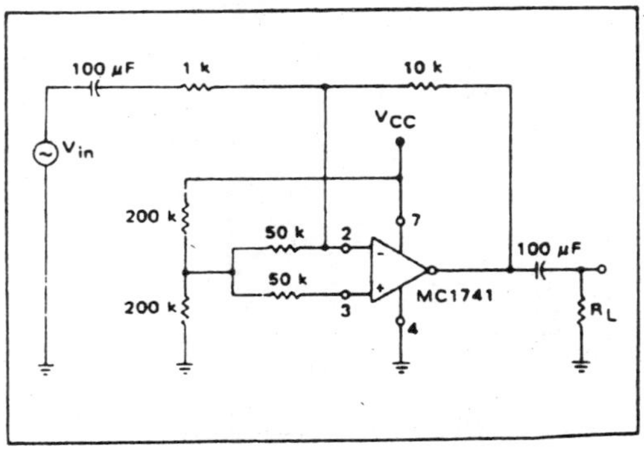

MOTOROLA
SEMICONDUCTOR
TECHNICAL DATA

MC7800 Series

THREE-TERMINAL POSITIVE FIXED VOLTAGE REGULATORS

SILICON MONOLITHIC INTEGRATED CIRCUITS

THREE-TERMINAL POSITIVE VOLTAGE REGULATORS

These voltage regulators are monolithic integrated circuits designed as fixed-voltage regulators for a wide variety of applications including local, on-card regulation. These regulators employ internal current limiting, thermal shutdown, and safe-area compensation. With adequate heatsinking they can deliver output currents in excess of 1.0 ampere. Although designed primarily as a fixed voltage regulator, these devices can be used with external components to obtain adjustable voltages and currents.

- Output Current in Excess of 1.0 Ampere
- No External Components Required
- Internal Thermal Overload Protection
- Internal Short-Circuit Current Limiting
- Output Transistor Safe-Area Compensation
- Output Voltage Offered in 2% and 4% Tolerance

K SUFFIX
METAL PACKAGE
CASE 1

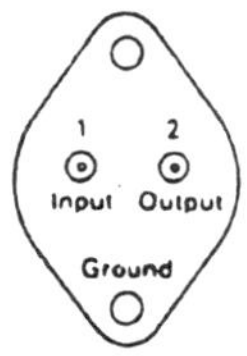

(Bottom View)

Pins 1 and 2 electrically isolated from case. Case is third electrical connection.

T SUFFIX
PLASTIC PACKAGE
CASE 221A

PIN 1. INPUT
2. GROUND
3. OUTPUT

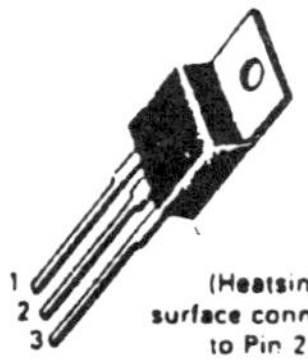

(Heatsink surface connected to Pin 2.)

REPRESENTATIVE SCHEMATIC DIAGRAM

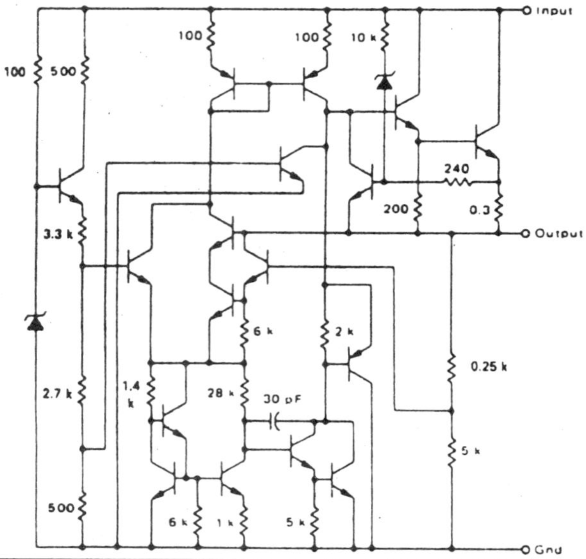

STANDARD APPLICATION

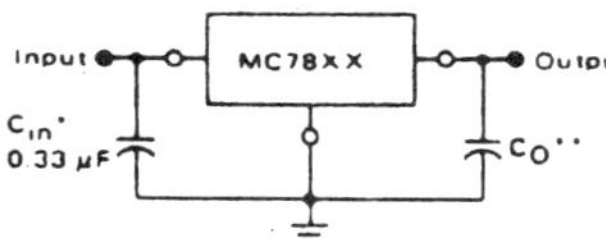

A common ground is required between the input and the output voltages. The input voltage must remain typically 2.0 V above the output voltage even during the low point on the input ripple voltage.

XX = these two digits of the type number indicate voltage.

* = C_{in} is required if regulator is located an appreciable distance from power supply filter.

** = C_O is not needed for stability; however, it does improve transient response.

XX indicates nominal voltage

ORDERING INFORMATION

Device	Output Voltage Tolerance	Tested Operating Junction Temp. Range	Package
MC78XXK MC78XXAK*	4% 2%	−55 to +150°C	Metal Power
MC78XXCK MC78XXACK*	4% 2%	0 to +125°C	Metal Power
MC78XXCT MC78XXACT	4% 2%	0 to +125°C	Plastic Power
MC78XXBT	4%	−40 to +125°C	Plastic Power

*2% regulators in Metal Power packages are available in 5, 12 and 15 volt devices.

TYPE NO./VOLTAGE

Type	Voltage	Type	Voltage
MC7805	5.0 Volts	MC7812	12 Volts
MC7806	6.0 Volts	MC7815	15 Volts
MC7808	8.0 Volts	MC7818	18 Volts
MC7809	9.0 Volts	MC7824	24 Volts

MC7800 Series

MC7805, B, C

ELECTRICAL CHARACTERISTICS (V_{in} = 10 V, I_O = 500 mA, T_J = T_{low} to T_{high} [Note 1] unless otherwise noted).

Characteristic	Symbol	MC7805			MC7805B			MC7805C			Unit
		Min	Typ	Max	Min	Typ	Max	Min	Typ	Max	
Output Voltage (T_J = +25°C)	V_O	4.8	5.0	5.2	4.8	5.0	5.2	4.8	5.0	5.2	Vdc
Output Voltage (5.0 mA ≤ I_O ≤ 1.0 A, P_O ≤ 15 W) 7.0 Vdc ≤ V_{in} ≤ 20 Vdc 8.0 Vdc ≤ V_{in} ≤ 20 Vdc	V_O	 — 4.65	 — 5.0	 — 5.35	 — 4.75	 — 5.0	 — 5.25	 4.75 —	 5.0 —	 5.25 —	Vdc
Line Regulation (T_J = +25°C, Note 2) 7.0 Vdc ≤ V_{in} ≤ 25 Vdc 8.0 Vdc ≤ V_{in} ≤ 12 Vdc	Reg_{line}	 — —	 2.0 1.0	 50 25	 — —	 7.0 2.0	 100 50	 — —	 7.0 2.0	 100 50	mV
Load Regulation (T_J = +25°C, Note 2) 5.0 mA ≤ I_O ≤ 1.5 A 250 mA ≤ I_O ≤ 750 mA	Reg_{load}	 — —	 25 8.0	 100 25	 — —	 40 15	 100 50	 — —	 40 15	 100 50	mV
Quiescent Current (T_J = +25°C)	I_B	—	3.2	6.0	—	4.3	8.0	—	4.3	8.0	mA
Quiescent Current Change 7.0 Vdc ≤ V_{in} ≤ 25 Vdc 8.0 Vdc ≤ V_{in} ≤ 25 Vdc 5.0 mA ≤ I_O ≤ 1.0 A	ΔI_B	 — — —	 — 0.3 0.04	 — 0.8 0.5	 — — —	 — — —	 — 1.3 0.5	 — — —	 — — —	 1.3 — 0.5	mA
Ripple Rejection 8.0 Vdc ≤ V_{in} ≤ 18 Vdc, f = 120 Hz	RR	68	75	—	—	68	—	—	68	—	dB
Dropout Voltage (I_O = 1.0 A, T_J = +25°C)	$V_{in} - V_O$	—	2.0	2.5	—	2.0	—	—	2.0	—	Vdc
Output Noise Voltage (T_A = +25°C) 10 Hz ≤ f ≤ 100 kHz	V_n		10	40	—	10	—	—	10	—	µV/V_O
Output Resistance f = 1.0 kHz	r_O		17	—	—	17	—	—	17	—	mΩ
Short-Circuit Current Limit (T_A = +25°C) V_{in} = 35 Vdc	I_{sc}		0.2	1.2	—	0.2	—	—	0.2	—	A
Peak Output Current (T_J = +25°C)	I_{max}	1.3	2.5	3.3	—	2.2	—	—	2.2	—	A
Average Temperature Coefficient of Output Voltage	TCV_O		±0.6	—	—	-1.1	—	—	-1.1		mV/°C

MC7805A, AC

ELECTRICAL CHARACTERISTICS (V_{in} = 10 V, I_O = 1.0 A, T_J = T_{low} to T_{high} [Note 1] unless otherwise noted)

Characteristics	Symbol	MC7805A			MC7805AC			Unit
		Min	Typ	Max	Min	Typ	Max	
Output Voltage (T_J = +25°C)	V_O	4.9	5.0	5.1	4.9	5.0	5.1	Vdc
Output Voltage (5.0 mA ≤ I_O ≤ 1.0 A, P_O ≤ 15 W) 7.5 Vdc ≤ V_{in} ≤ 20 Vdc	V_O	4.8	5.0	5.2	4.8	5.0	5.2	Vdc
Line Regulation (Note 2) 7.5 Vdc ≤ V_{in} ≤ 25 Vdc I_O = 500 mA 8.0 Vdc ≤ V_{in} ≤ 12 Vdc 8.0 Vdc ≤ V_{in} ≤ 12 Vdc, T_J = +25°C 7.3 Vdc ≤ V_{in} ≤ 20 Vdc, T_J = +25°C	Reg_{line}	 — — — —	 2.0 3.0 1.0 2.0	 10 10 4.0 10	 — — — —	 7.0 10 2.0 7.0	 50 50 25 50	mV
Load Regulation (Note 2) 5.0 mA ≤ I_O ≤ 1.5 A, T_J = +25°C 5.0 mA ≤ I_O ≤ 1.0 A 250 mA ≤ I_O ≤ 750mA, T_J = +25°C 250 mA ≤ I_O ≤ 750 mA	Reg_{load}	 —	 2.0 2.0 1.0 1.0	 25 25 15 25	 — — — —	 25 25 — 8.0	 100 100 — 50	mV
Quiescent Current T_J = +25°C	I_B	 —	— 3.2	5.0 4.0	— —	— 4.3	6.0 6.0	mA
Quiescent Current Change 8.0 Vdc ≤ V_{in} ≤ 25 Vdc, I_O = 500 mA 7.5 Vdc ≤ V_{in} ≤ 20 Vdc, T_J = +25°C 5.0 mA ≤ I_O ≤ 1.0 A	ΔI_B	 — — —	 0.3 0.2 0.04	 0.5 0.5 0.2	 — — —	 — — —	 0.8 0.8 0.5	mA
Ripple Rejection 8.0 Vdc ≤ V_{in} ≤ 18 Vdc, f = 120 Hz, T_J = +25°C 8.0 Vdc ≤ V_{in} ≤ 18 Vdc, f = 120 Hz, I_O = 500 mA	RR	 68 68	 75 75	 — —	 — —	 — 68	 — —	dB
Dropout Voltage (I_O = 1.0 A, T_J = +25°C)	$V_{in} - V_O$	—	2.0	2.5	—	2.0	—	Vdc
Output Noise Voltage (T_A = +25°C) 10 Hz ≤ f ≤ 100 kHz	V_n	—	10	40	—	10	—	µV/V_O
Output Resistance (f = 1.0 kHz)	r_O	—	2.0	—	—	17	—	mΩ
Short-Circuit Current Limit (T_A = +25°C) V_{in} = 35 Vdc	I_{sc}	—	0.2	1.2	—	0.2	—	A
Peak Output Current (T_J = +25°C)	I_{max}	1.3	2.5	3.3	—	2.2	—	A
Average Temperature Coefficient of Output Voltage	TCV_O	—	±0.6	—	—	-1.1	—	mV/°C

NOTES 1. T_{low} = -55°C for MC78XX, A; = 0° for MC78XXC, AC; = -40°C for MC78XXB. T_{high} = +150°C for MC78XX, A; = +125°C for MC78XXC, AC, B

2. Load and line regulation are specified at constant junction temperature. Changes in V_O due to heating effects must be taken into account separately. Pulse testing with low duty cycle is used.

산업전자응용실습

초판 인쇄 2007년 12월 5일
초판 발행 2007년 12월 10일

지은이 | 김 영 일
발행인 | 김 병 계
발행처 | 도서출판 보문당
등 록 | 1990년 6월 15일(제 1－1066호)
주 소 | 서울시 마포구 신수동 448-6 우) 121-110
전 화 | 704－7025 / 704－0635
팩 스 | 704－2324
홈페이지 | http://www.bomoondang.co.kr
전자우편 | bmdpub@empal.com

값 10,000 원

ISBN : 978－89－8413－140－8

*파본이나 잘못된 책은 교환하여 드립니다.